农民培训精品系列教材

农作物重大病虫害防控与粮食安全手册

赵莉莉 程道辉 熊贤志 叶理清 王红梅 彭秀玲 主编

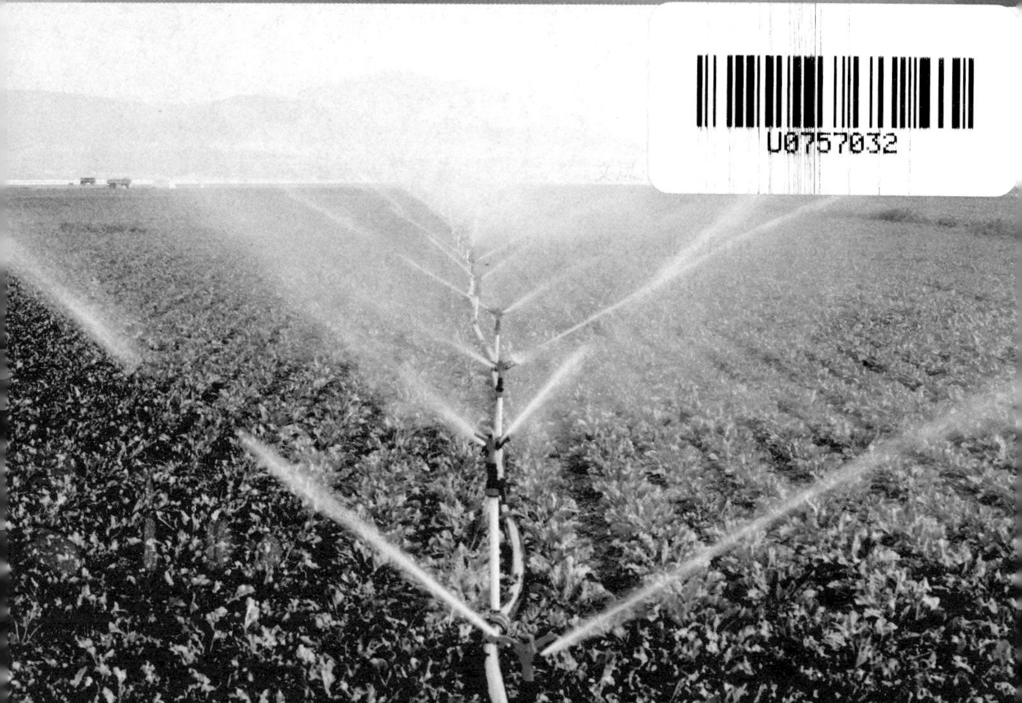

中国农业科学技术出版社

图书在版编目(CIP)数据

农作物重大病虫害防控与粮食安全手册 / 赵莉莉等主编. --北京：中国农业科学技术出版社，2025.4.
ISBN 978-7-5116-7326-8

Ⅰ. S435-62；F326.11-62

中国国家版本馆 CIP 数据核字第 202551VS34 号

责任编辑	张国锋
责任校对	李向荣
责任印制	姜义伟 王思文

出 版 者	中国农业科学技术出版社
	北京市中关村南大街 12 号　邮编：100081
电　　话	(010) 82109705（编辑室）　(010) 82106624（发行部）
	(010) 82109709（读者服务部）
网　　址	https://castp.caas.cn
经 销 者	各地新华书店
印 刷 者	中煤(北京)印务有限公司
开　　本	148 mm×210 mm　1/32
印　　张	6.375
字　　数	156 千字
版　　次	2025 年 4 月第 1 版　2025 年 4 月第 1 次印刷
定　　价	39.80 元

◀ 版权所有·翻印必究 ▶

《农作物重大病虫害防控与粮食安全手册》
编 委 会

主　编： 赵莉莉　程道辉　熊贤志　叶理清
　　　　　王红梅　彭秀玲

副主编： 李莎莎　赵绍诺　王春雨　李秀娟
　　　　　赵　宇　温　茹　梁旭东　孙丽亚
　　　　　张晓儒　哈　娜　曾菊芸　王学慧
　　　　　漆　珺　张兆才　孙　蕾　丁亚燕
　　　　　祁海峰　李建伟　刘　慧　郑保新
　　　　　张利华　杨　燕　海　忠　雷艳红
　　　　　彭慧玲　秦海波　郭丽红　叶建明
　　　　　赵　庆　赵曙光　李　民　李妍妍
　　　　　李绍娟　张利真　姜　丽　赵科刚
　　　　　王　铠　苑建伟　肖亚莉　孙世杰

编　委： 王宏辉　郝健坊　魏遵龙　李　婷
　　　　　鲁志光　张　佳　彭海燕　周　磊
　　　　　彭家葵　李金享　刘　玲　贾　晴
　　　　　桑　杰　孙淑玲　郭昌芬　张海峰
　　　　　王广炳　李树桐　徐旺东　姜铄松
　　　　　毛丽娟　刘晓昀　邵彦宾　刘美惠
　　　　　李　为　周　槟　高　波　李延峰
　　　　　周红兵　张俊锋

前　言

农业是国民经济的基础，农作物的健康生长和高产稳产对于保障国家粮食安全和促进农业可持续发展至关重要。在农业生产过程中，病虫害的发生常常给农作物带来严重的危害，极大地影响了农作物的产量和品质。与此同时，随着农业现代化的推进，如何实现科学合理的水肥管理，提高资源利用效率，也成了亟待解决的问题。

本书全面且深入地阐述了农作物病虫害防控与粮食安全保障的相关内容。在第一章农作物病虫害基础知识部分，详细介绍了农作物病害和虫害的类型、特征及危害，从常见的农作物病害，如小麦锈病、水稻稻瘟病等，到各类虫害，如小麦蚜虫、水稻二化螟等。第二章至第七章针对不同作物的重大病虫害防控技术展开详细论述。以小麦、水稻、大豆、玉米、油菜、蔬菜等作物为重点，分别介绍了其病害与虫害的防控措施，包括农业防治、物理防治、化学防治以及生物防治等手段，帮助种植者有效应对病虫害问题。第八章至第十章为粮食安全内容，深入探讨了粮食安全的内涵、关键意义以及中国粮食安全的长期战略规划。通过分析粮食安全的重要性，引导读者理解粮食安全保障的必要性。同时，还提出了一系列保障粮食安全的措施，包括构建现代农业经营体系、严格落实耕地保护制度、加强农业基础设施建设等。最后，强调了粮食节约与减损行动的重要性。通过介绍粮食节约与减损的意义、策略以及宣传教育,呼吁全社会共同参与到节粮减损行动中来。

本书内容丰富、实用性强,希望本书能为推动我国农业现代化进程,提高农业生产效益,促进农业可持续发展作出贡献。

编者

2024年10月

目 录

第一章 农作物病虫害基础知识 …………………………… 1
 第一节 农作物病害 ………………………………………… 1
 第二节 农作物虫害 ………………………………………… 2
第二章 小麦重大病虫害防控技术 …………………………… 6
 第一节 小麦病害及其防控 ………………………………… 6
 第二节 小麦虫害及其防控 ………………………………… 17
第三章 水稻重大病虫害防控技术 …………………………… 21
 第一节 水稻病害及其防控 ………………………………… 21
 第二节 水稻虫害及其防控 ………………………………… 35
第四章 大豆重大病虫害防控技术 …………………………… 49
 第一节 大豆病害及其防控 ………………………………… 49
 第二节 大豆虫害及其防控 ………………………………… 54
第五章 玉米重大病虫害防控技术 …………………………… 61
 第一节 玉米病害及其防控 ………………………………… 61
 第二节 玉米虫害及其防控 ………………………………… 72
第六章 油菜重大病虫害防控技术 …………………………… 89
 第一节 油菜病害及其防控 ………………………………… 89
 第二节 油菜虫害及其防控 ………………………………… 98
第七章 蔬菜重大病虫害防控技术 …………………………… 106
 第一节 蔬菜主要病害及其防控 …………………………… 106
 第二节 蔬菜主要害虫及其防控 …………………………… 115

第八章　粮食安全概述 …… 125
第一节　粮食安全的内涵 …… 125
第二节　粮食安全的关键意义 …… 127
第三节　中国粮食安全的长期战略规划 …… 131

第九章　粮食安全的保障措施 …… 136
第一节　现代农业经营体系的构建 …… 136
第二节　严格落实耕地保护制度 …… 149
第三节　加强农业基础设施建设 …… 159

第十章　全面推进粮食节约与减损行动 …… 180
第一节　粮食节约与减损的意义 …… 180
第二节　粮食全链条节约与减损策略 …… 184
第三节　节粮减损的宣传教育 …… 192

参考文献 …… 194

第一章 农作物病虫害基础知识

第一节 农作物病害

一、农作物病害的概念

当植物受到不良环境条件的影响或遭受其他生物侵染后,其代谢过程即被干扰和破坏,在生理、组织和形态上发生一系列病理变化,并出现各种不正常状态,造成生长受阻、产量降低、品质下降甚至植株死亡的现象,称为植物病害。

植物病害都有一定的病理变化过程(即病理程序),而植物的自然衰老凋谢以及由风、雹、虫和动物等对植物所造成的突发性机械损伤及组织死亡,因缺乏病理变化过程,故不能称为病害。

一般来说,植物发病后会不同程度地导致植物产量的减少和品质的降低,给人们带来一定的经济损失。但有些植物在寄生物的感染或在人类控制的环境下,也会产生各种各样的"病态",如茭白受到黑粉病菌的侵染而形成肥厚脆嫩的茎,弱光下栽培成的韭黄等,其经济价值并未降低,反而有所提高,因此不能把它们当作病害。

二、农作物病害的类型

植物病害发生的原因称为病原。根据病原不同,可将植物病害分为非侵染性病害和侵染性病害两大类。

非侵染性病害是指由非生物因素即不适宜的环境因素引起的病害，又称生理性病害或非传染性病害。其特点是病害不具传染性，在田间分布呈现片状或条状，环境条件改善后可以得到缓解或恢复正常。常见的有营养元素不足所致的缺素症、水分不足或过量引起的旱害和涝害、低温所致的寒害和高温所致的烫伤及日灼症，以及化学药剂使用不当和有毒污染物造成的药害和毒害等。

侵染性病害是指由病原生物侵染所引起的病害。其特点是具有传染性，病害发生后不能恢复常态。一般初发时都不均匀，往往有一个分布相对较多的"发病中心"。病害由少到多、由轻到重，逐步蔓延扩展。

非侵染性病害和侵染性病害是两类性质完全不同的病害，但它们之间又是互相联系和互相影响的。非侵染性病害常诱发侵染性病害的发生，如甘薯遭受冻害，生活力下降后，软腐病菌易侵入；反之，侵染性病害也可为非侵染性病害的发生提供有利条件，如小麦在冬前发生锈病后，就将削弱植株的抗寒能力而易受冻害。

第二节 农作物虫害

一、农作物害虫概述

昆虫属于动物界中无脊椎动物节肢动物门昆虫纲，是动物界中种类最多、分布最广、种群数量最大的类群。动物界有350多万种，已知昆虫种类110多万种，约占动物界的1/3。昆虫不仅种类多，而且与人类的关系非常密切，许多昆虫可危害农作物，传播人、畜疾病。也有很多昆虫具有重要的经济价值，如家蚕、柞蚕、蜜蜂、紫胶虫、白蜡虫等，有的昆虫能帮助植物传播花粉，有的能协助人们消灭害虫。农业昆虫是指危害农作物的昆虫和天敌昆虫，还包括蜘蛛纲的蜘蛛和螨类以及蜗牛和蛞蝓等。

二、农作物害虫的类型

昆虫的分类地位是动物界节肢动物门昆虫纲，纲以下是目、科、属、种四个阶元，再细分可在各阶元下设"亚"级，在目、科之上设"总"级。

种是昆虫分类的基本阶元，并用国际上通用的拉丁文书写，由属名、种名和定名人三部分组成。了解和认识昆虫的分类是识别昆虫的基本常识，昆虫纲分33个目，其中与农业生产关系比较密切的有以下各目。

（一）鞘翅目

鞘翅目是昆虫纲中最大的目，通称为"甲虫"，体壁坚硬，口器为咀嚼式口器，多数植食性，少数肉食和粪食性；成虫有假死性，大多数有趋光性。

1. 金龟总科

成虫体型较大，鞘翅坚硬，幼虫称为蛴螬，生活在地下或腐败物中，如华北大黑鳃金龟、铜绿丽金龟是北方重要的地下害虫。

2. 叶甲科

体型多为卵形和半球形，多有金属光泽，故有"金花甲"之称，如黄条跳甲。

3. 瓢甲科

体型小，体背隆起呈半球形，鞘翅常具有红色、黄色、黑色等星斑。多数为肉食性，如捕食蚜虫的七星瓢虫；少数为植食性害虫，如二十八星瓢虫。

（二）鳞翅目

本目是昆虫纲中仅次于鞘翅目的第二大目，包括蛾和蝶两大类，成虫体翅上密布各种颜色的鳞片组成不同的花纹，这是重要的分类特征。完全变态，成虫为虹吸式口器，幼虫为咀嚼式口器，大多数为植食性，多为重要的农业害虫，少数如家蚕、柞蚕是益虫。

粉蝶科：如菜粉蝶，幼虫菜青虫。

螟蛾科：如豆荚螟、玉米螟。

夜蛾科：如棉铃虫、斜纹夜蛾、小地老虎。

菜蛾科：如小菜蛾。

(三) 同翅目

刺吸式口器，不完全变态，分有翅型和无翅型、长翅型和短翅型等多型现象，全部为植食性。

蚜科：如蚜虫，常有世代交替或转换寄主现象，同种有无翅和有翅两种类型。

粉虱科：如温室白粉虱、烟粉虱。

叶蝉科：如绿叶蝉。

飞虱科：如稻灰飞虱、褐飞虱等。

蚧总科：如吹绵蚧（棉团蚧）、粉蚧。

(四) 直翅目

咀嚼式口器，不完全变态，多为植食性。

蝗科：如东亚飞蝗。

蝼蛄：如华北蝼蛄。

(五) 半翅目

通称为蝽类、椿象，如稻绿蝽。

(六) 膜翅目

本目包括各种蜂和蚂蚁。主要科是赤眼蜂科：能寄生在多种昆虫的卵中，如小赤眼蜂，是当前生产上防治玉米螟的重要天敌昆虫。

（七）双翅目

包括各种蚊、蝇等。

食蚜蝇科：多为捕食性，可捕食蚜虫、介壳虫等害虫，如大灰食蚜蝇。

潜蝇科：如美洲斑潜蝇。

（八）农业害螨

螨类不同于昆虫，螨类通称红蜘蛛、锈壁虱。螨类属于节肢动物门、蛛形纲、蜱螨目。螨类体型小，肉眼很难看见。螨类不分头、胸、腹，体型为卵形或椭圆形，口器分为咀嚼式和刺吸式。螨类的繁殖多数为两性卵生，经卵、幼螨、若螨、成螨。螨类多为植食性，也有能捕食其他害螨的螨类，可在生物防治中利用。

叶螨科：通称红蜘蛛，全部为植食性，重要的害螨有棉红蜘蛛（朱砂叶螨）、二斑叶螨、山楂红蜘蛛、苹果叶螨等。

跗线叶螨科：重要的害螨是茶黄螨等。

真足螨科：也称红蜘蛛，重要的害螨是麦圆红蜘蛛等。

叶瘿螨科：通称锈壁虱，重要的害螨有柑橘锈壁虱、葡萄锈壁虱等。

粉螨科：重要的害螨是粉螨，为仓库害螨。

植绥螨科：主要有智利小植绥螨、盲走螨、纽氏钝绥螨等，均是叶螨类的天敌，用于温室防治多种红蜘蛛。

第二章　小麦重大病虫害防控技术

第一节　小麦病害及其防控

一、赤霉病

（一）危害症状

小麦赤霉病可以侵染小麦的各个部位，幼苗至抽穗期均可发生，引起苗枯、茎腐和穗腐等。大流行年份病穗率达50%~100%，减产10%~40%。该病菌的代谢产物含有毒素，人畜食用后还会中毒。赤霉病最初在小穗颖片上出现水浸状病斑，逐渐扩大至整个小穗和穗子，严重时整个小穗或穗子后期全部枯死，受感染的穗子呈灰褐色。气候潮湿时，感病小穗的基部产生粉红色胶质霉层，为病菌的分生孢子座和分生孢子。后期穗部产生煤屑状黑色颗粒。黑色颗粒是病菌的子囊壳。在幼苗的芽鞘和根鞘上呈黄褐色水浸状腐烂，严重时全苗枯死，病残苗上有粉红色菌丝体。发病初期，茎基部呈褐色，后变软腐烂，植株枯萎，在病部产生粉红色霉层。

（二）发生规律

小麦赤霉病是真菌性病害，病菌主要以菌丝体潜伏在寄主病残体上，种子也可带菌。一般因初侵染菌源量大，小麦抽穗扬花期间降雨多，湿度大，病害就可流行；或地势低洼、土壤黏重、排水不良的麦田湿度大，也有利于该病的发生。小麦抽穗扬花期气温在15℃以上,连续阴雨3天以上,或重雾、重露造成田间湿度大,就有严重发生的可能;小麦抽穗后15~20天内,阴雨日数超过50%,病害就可能流行,超过70%就可能大流行,40%以下为轻发生。

(三) 防控措施

1. 农业防治

适时播种,合理施肥;深耕灭茬,消灭菌源;合理灌排、降低田间湿度;选用抗病耐病品种;合理密植和控制适宜群体密度,提高和改善麦田通风透光条件。

2. 种子处理

在播种前进行种衣剂包衣或药剂拌种,按种子量3%的药量与种子混拌均匀。

3. 化学防治

小麦赤霉病重在预防,治疗效果较差。防治重点是在小麦扬花期预防穗腐发生。在始花期喷洒,要在小麦齐穗扬花初期(扬花株率5%~10%)用药。药剂防治应选择渗透性、耐雨水冲刷性和持效性较好的农药,每亩(1亩≈667米^2)可选用25%氰烯菌酯悬浮剂100~200毫升、40%戊唑·咪鲜胺水乳剂20~25毫升、28%烯肟·多菌灵可湿性粉剂50~95克,兑水30~45千克细雾喷施。视天气情况、品种特性和生育期早晚再隔7天左右喷第二次药,注意交替轮换用药。此外小麦生长的中后期赤霉病、麦蚜、黏虫混发区,每亩选用40%毒死蜱乳油30毫升、10%抗蚜威可湿性粉剂10克加40%多·酮可湿性粉剂100克,或尿素、丰产素等,防效优异。喷药时期如遇阴雨连绵或时晴时雨,必须抢在雨前或雨停间隙露水干后抢时喷药;如果连阴有雨,下小雨可以喷药,但应加大10%的用药量。喷药后遇雨可隔5~7天再喷1次,以提高防治效果,喷药时要重点对准小麦穗部,均匀喷雾。

二、锈病

小麦锈病又叫黄疸病,是由柄锈属真菌侵染引起的一类病害,分为条锈病、叶锈病和秆锈病三种。其中条锈病主要分布在华北、西北、淮北等北方冬麦区和西南的四川、重庆、云南小麦产区;叶锈病主要分布在东北、华北、西北、西南小麦产区;秆锈病主要分布在华东沿海、长江流域中下游和南方冬麦区及东北、西北,尤其是内蒙古等地的春麦区,以及云南、贵州、四川的西南高山麦区。

(一) 危害症状

1. 小麦条锈病

小麦条锈病是一种气传病害,病菌随气流长距离传播,可波及全国。该病菌主要危害小麦的叶片,也可为害叶鞘、茎秆和穗部。小麦感病后,初呈褪绿色的斑点,后在叶片的正面形成鲜黄色的粉疱(即夏孢子堆)。夏孢子堆较小,长椭圆形,在叶片上排列成虚线状,与叶脉平行,常几条结合在一起成片着生。到小麦接近成熟时,在叶鞘和叶片上长出黑色狭长形埋伏于表皮下面的条状疱斑的孢子,即病菌的冬孢子。条锈病主要在西北冷凉春麦区越夏,华北麦区侵染来源主要来自陇南、陇东、西南等夏孢子可以越冬的麦区。春季小麦锈病流行的条件有:有一定数量的越冬菌源;有大面积感病品种;当地3—5月雨量较多,早春气温回升快,外来菌源多而早。这种情况下,往往小麦中后期突发流行,减产严重。

2. 小麦叶锈病

小麦叶锈病分布于全国各地,发生较为普遍。叶锈病主要发生在叶片,也能侵害叶鞘。发病初期,受害叶片出现圆形或近圆形红褐色的夏孢子堆。夏孢子堆较小,一般在叶片正面不规则散生,极少能穿透叶片,待表皮破裂后,散出黄褐色粉状物，即夏孢子。后期在叶片背面和叶鞘上长出黑色椭圆形埋于表皮下的冬孢子堆。小麦叶锈病菌较耐高温，在自生小麦苗上发生越夏，秋播小麦出土后叶锈菌又从自生麦苗上转移到冬小麦麦苗上。播种较早，气温较高，利于叶锈病的生长，小麦发病受害重；播种较晚，气温较低，不能形成夏孢子堆，多以菌丝潜伏在麦叶内越冬。

3. 小麦秆锈病

小麦秆锈病分布于全国各地，病害流行年份，常来势凶猛、危害大，可在短期内引起较大损失，造成小麦严重减产。秆锈病主要发生在小麦叶鞘、茎秆和叶鞘基部，严重时在麦穗的颖片和芒上也有发生，产生很多的深红褐色长椭圆形夏孢子堆，常散生，表皮破裂而外翻。小麦发育后期，在夏孢子堆或其附近产生黑色的冬孢子堆。小麦秆锈病的流行主要与品种、菌源基数、气象条件有关。该病菌在华北麦区不能越冬，春末夏初的致病菌原主要来自东南麦区。一般在小麦抽穗期至乳熟期这一阶段前后的田间湿度等影响病害流行的关键因素密切相关，也是秆锈菌夏孢子萌发和侵染的主要时期。

（二）发生规律

我国凡是有小麦种植的区域，都有一种或两三种锈病发生，广泛分布于我国各小麦产区。小麦条锈病病菌越冬的低温界限为最冷月份月均温-7~-6℃，如有积雪覆盖，即使低于-10℃仍能安全越冬。

条锈病病菌以夏孢子在小麦为主的麦类作物上逐代侵染而完成周年循环。夏孢子在寄主叶片上，在适合的温度（14~17℃）和有水滴或水膜的条件下侵染小麦。三种锈病病菌的夏孢子在萌发和侵染上的共同点是都需要液态水，侵入率和侵入速度取决于露时和露温，露时越长，侵入率越高；露温越低，侵入所需露时越长。在侵染上的不同点主要是三者要求的温度不同，条锈病病菌最低，叶锈病病菌居中，秆锈病病菌最高。

（三）防控措施

小麦锈病的防治应贯彻"预防为主，综合防治"的植保方针，重点抓好应急防治。防治应做到准确监测，发现一点，控制一片，坚持点片防治与普治相结合，群防群治与统防统治相结合，把损失降到最低限度。

1. 农业防治

在锈病易发区，不宜过早播种；及时排灌，降低麦田湿度抑制病菌夏孢子萌发；清除自生、寄生苗，减少越夏菌源。合理施肥，避免氮肥施用过多过晚，增施磷、钾肥，促进小麦生长发育，提高抗病能力。选用抗病丰产良种，做好抗锈品种的合理布局，切断菌源传播路线。

2. 种子处理

药剂拌种用99%噁霉灵2克+天达2116浸拌种型25克（1袋），兑水2~3千克，均匀喷拌麦种50千克，晾干后播种，随拌随播，切勿闷种。还可兼防白粉病、全蚀病、根腐病、纹枯病和腥黑穗病等。

3. 化学防治

在小麦拔节至抽穗期，条锈病病叶率达到1%左右时，开始喷药，以后隔7~10天再喷1次。每亩可选用20%三唑酮乳油30~50毫升、15%三唑酮可湿性粉剂75克、12.5%烯唑醇可湿性粉剂15~30克，兑水50~60千克叶面喷雾。

三、小麦茎基腐病

（一）危害症状

小麦茎基腐病在幼芽、幼苗、成株根系、茎叶和穗部均可受害，以根部受害最重，是近几年新发生的病害。播种后种子受害，幼芽鞘受害后有褐色斑痕，严重时腐烂死亡。苗期受害根部产生褐色或黑色病斑。成株期受害植株茎基部出现褐色条斑，严重时茎折断枯死，或虽直立不倒，但提前枯死，枯死植株青灰色、白穗不实，俗称"青死病"，人工拔时茎基部易折断，拔起病株可见根毛和主根表皮脱落，根冠部变黑并黏附土粒。叶片上病斑初为梭形小斑，后扩大成长圆形或不规则形斑块，边缘不规则，中央浅褐色至枯黄色，周围深绿色，有时有褪绿晕圈。穗部发病在颖壳基部形成水浸状斑，后变褐色，表面覆黑色霉层，穗轴和小穗轴也常变褐腐烂，小穗不实或种子不饱满，在高温条件下，穗颈变褐腐烂，使全穗枯死或掉穗。麦芒发病后，产生局部褐色病斑，病斑部位以上的一段芒干枯。种子被侵染后，胚全部或局部变褐色，种子表面也可产生梭形或不规则形暗褐色病斑。

（二）发生规律

小麦茎基腐病是真菌性病害，病菌主要以菌丝体潜伏在种子内和病残体中越夏、越冬，小麦播种后，种子和土壤中的病菌侵染幼芽和幼苗，造成芽腐和苗腐。分生孢子可随气流或雨滴飞溅传播，侵染麦株地上部位。生育后期高温多雨，可大流行。田间病残体多，腐解慢，病菌数量就多，发病重。连作麦田，发病较重。幼苗出土慢，发病重。土温20℃以上、高湿有利于发病。土质贫瘠、水肥不足易发病。小麦遭受冻害、旱害或涝害，可加重病害发生。

（三）防控措施

1. 农业防治

因地制宜选用抗病、耐病品种，或选无病种子。适期早播、浅播，避免在土壤过湿、过干条件下播种。增施有机肥，磷、钾肥，返青时追施适量速效性氮肥。合理排灌，防止小麦长期过旱过涝，越冬期注意防冻。勤中耕，清除田间禾本科杂草。

麦收后及时翻耕灭茬，促进病残体腐烂。秸秆还田后要翻耕，埋入地下。与非禾本科作物轮作，避免或减少连作。

2. 种子处理

播种前进行药剂拌种，药剂可以选用2.5%咯菌腈种子处理悬浮剂、12.5%烯唑醇乳油、50%代森锰锌可湿性粉剂、50%多菌灵可湿性粉剂或50%福美双可湿性粉剂，用量为种子重量的0.2%~0.3%。

3. 化学防治

发病初期可选用50%福美双可湿性粉剂500倍液、15%三唑醇可湿性粉剂2 000倍液、70%甲基硫菌灵可湿性粉剂或70%代森锰锌可湿性粉剂500倍液，均匀喷雾。或每亩用50%氯溴异氰尿酸可湿性粉剂50~60克兑水喷雾。7~10天后再喷1次。

四、纹枯病

小麦纹枯病在黄淮麦区发生普遍，且危害严重。

（一）危害症状

小麦纹枯病主要发生在小麦茎秆和叶鞘上，发病初期，在近地表的叶鞘上产生周围褐色、中央淡褐色至灰白色的梭形病斑，后逐渐扩展至茎秆和叶鞘上（侵茎）且颜色变深，形成云纹状花纹，病斑无规则，严重时可包围全叶鞘，使叶鞘及叶片早枯；重病株茎基1~2节变黑甚至腐烂，烂茎抽不出穗而形成枯孕穗或抽后形成白穗，结实少，籽粒秕瘦。小麦生长中后期，叶鞘上的病斑常有时可见到一些白色菌丝状物，空气潮湿时上面初期散生土黄色至黄褐色霉状小团，后逐渐变褐，形成圆形或近圆形颗粒状物，即病菌的菌核。

（二）发生规律

小麦纹枯病是真菌性病害，以菌核附着在植株病残体上或落入土中越夏或越冬，成为初侵染的主要来源。被害植株上菌丝伸出寄主表面，对邻近麦株蔓延进行再侵染。小麦播种早、播量大、氮肥多、长势旺，浇水多或阴雨天气造成湿度大，有利于病害的发生。主要引起穗粒数减少，千粒重降低，还引起倒伏。一般病田减产10%左右，严重时减产30%~40%。

（三）防控措施

1. 农业防治

适期适时适量播种；增施有机肥，氮磷钾肥配方使用；实行合理轮作，减少传播病菌源基数；合理灌水，及时中耕，降低田间湿度，促使麦苗健壮生长和抗病能力；选用抗病和耐病品种。

2. 种子处理

选用有效药剂包衣（或拌种），可用25克/升咯菌腈悬浮种衣剂10~20毫升或2%戊唑醇10~20克拌种10千克，或用10%三唑醇可湿性粉剂按种子量的0.3%拌种。

3. 化学防治

小麦返青后病株率达5%~10%（一般在3月中旬前后）喷药，在纹枯病发生地区或重发生年份，每亩选用70%甲基硫菌灵可湿性粉剂70~100克、20%三唑酮乳油30~50毫升、12.5%烯唑醇可湿性粉剂30~40克、24%噻呋酰胺悬浮剂20毫升，兑水50~60千克喷雾，或20%丙环唑乳油1 000~1 500倍液喷雾（注意尽量将药液喷到麦株茎基部）；第二次用药在第一次用药后15天左右施用，可有效防治本病。或用氯溴异氰尿酸、戊唑醇、己唑醇等防治。

五、白粉病

小麦白粉病是在黄淮流域普遍发生的真菌性病害，近年来随着麦田肥水条件的改善及高产田群体密度加大，小麦白粉病发病逐年加重。

（一）危害症状

小麦白粉病自幼苗到抽穗后均可发病。主要危害小麦叶片，也危害茎、穗和芒。病部最先出现白色丝状霉斑，下部叶片比上部叶片多，叶片背面比正面多。中期病部表面有一层白粉状霉层，一般叶正面病斑较叶背面多，下部叶片较上部叶片病害重，霉斑早期单独分散逐渐扩大相连，形成长椭圆形较大的霉斑，严重时可覆盖叶片大部，甚至全部，霉层厚度可达 2 毫米左右，并逐渐呈粉状。后期霉层逐渐由白色变为灰色，上生黑色颗粒。严重影响光合作用，使正常新陈代谢受到干扰，造成早衰，产量受到损失。

（二）发生规律

小麦白粉病流行的条件：在大面积种植感病品种基础上，4—5 月气温在 15~20℃、相对湿度在 70%以上；小麦生长旺盛，群体密度过大，植株幼嫩，抗病力低或者倒伏的麦田。病菌在黄淮平原麦区不能越夏，可在海拔 500 米以上山区的自生麦苗或春小麦上越夏危害，秋季随气流传播到平原冬麦区上发生危害。

（三）防控措施

1. 农业防治

选用抗病丰产品种为主，百农 207、矮抗 58 和丰德存 5 号等抗性较好；合理密植，适当晚播，氮磷钾配方合理施用，科学灌溉，适时排水，消灭初期侵染源。

2. 种子处理

可用 15%三唑酮可湿性粉剂按种子重量的 0.12%拌种，控制苗期病情，减少越冬菌量，减轻发病危害，并能兼治散黑穗病。

3. 化学防治

在小麦白粉病发病率达 10%或病情指数达 5~8 时，即应进行药剂防治。每亩选用 25%咪鲜胺乳油 20 毫升、12.5%烯唑醇可湿性粉剂 20 克、20%三唑酮乳油 20~30 毫升、15%三唑酮可湿性粉剂 50~100 克，兑水 50~60 千克喷雾，或兑水 10~15 千克低容量喷雾防治。

六、根腐病

小麦根腐病又称小麦根腐叶斑病，或黑胚病、青死病和青枯病等。全国各地麦区均有发生，重者发病率 20%~60%，是麦田常发病害之一。一般减产 10%~30%。

（一）危害症状

小麦整个生育期都可引发根腐病。幼苗染病后在芽鞘上产生黄褐色至黑褐色梭形斑，边缘清晰，中间稍褪色，扩展后引起种根基部、根间、分蘖节和茎基部变褐色腐烂，最后根系腐朽，麦苗平铺在地上，下部叶片变黄，逐渐黄枯而亡。成株叶上病斑初期为梭形或椭圆形褐斑，扩大后呈椭圆形或不规则褐色大斑，病斑融合成大斑后枯死，严重的整叶枯死。叶鞘染病产生边缘不明显的云状纹，与其连接的叶片黄枯而死。叶鞘上病斑不规则，常形成大型云纹状浅褐色斑，扩大后整个小穗变褐枯死并产生黑霉。病小穗不能结实，或虽结实但种子带病，种胚变黑。黑胚病不仅会降低种子发芽率，而且会对小麦制品颜色等产生一定影响。

（二）发生规律

小麦根腐病是真菌性病害，病菌以菌丝体和厚垣孢子在小麦、大麦、黑麦、燕麦、多种禾本科杂草的病残体和土壤中越冬，翌年成为小麦根腐病的初侵染源。发病后病菌产生的分生孢子再借助于气流、雨水、轮作、感病种子传播，该菌在土壤中可存活2年以上。根腐病的流行程度与菌源数量、栽培管理措施、气象条件和寄主抗病性等因素有关。生产上播种带菌种子可导致苗期发病。幼苗受害程度随种子带菌量增加而加重，侵染源多则发病重。耕作粗放、土壤板结、播种覆土过厚、春麦区播种过迟、冬麦区过早，以及小麦连作、种子带菌、田间杂草多、地下害虫引起根部损伤均会引起根腐病。麦田缺氧、植株早衰或叶片叶龄期长，小麦抗病力下降，则发病重。麦田土壤温度低或土壤湿度过低或过高易发病，土质瘠薄、抗病力下降及播种过早或过深发病重。小麦抽穗后出现高温、多雨的潮湿气候，病害发生程度明显加重。栽培中高氮肥和频繁的灌溉方式，亦会加重该病的发生。

（三）防控措施

1. 农业防治

与油菜、亚麻、马铃薯及豆科植物轮作换茬；适时早播、浅播，合理密植；中耕除草，防治苗期地下害虫；平衡施肥，施足基肥，及时追肥，不要偏施氮肥；灌浆期合理灌溉，降低田间湿度；选用抗病耐病丰产品种。

2. 种子处理

播种前可选用50%异菌脲可湿性粉剂、75%萎锈·福美双可湿性粉剂、70%代森锰锌可湿性粉剂、50%福美双可湿性粉剂或20%三唑酮乳油，按种子重量的0.2%~0.3%拌种，防效可达60%以上。

3. 化学防治

返青至拔节期喷洒25%丙环唑乳油4 000倍液，或每亩选用50%福美双可湿性粉剂100克、50%氯溴异氰尿酸水溶性粉剂60克，兑水75千克喷洒。在小麦灌浆初期选用25%丙环唑乳油50毫升/亩、25%嘧菌酯悬浮剂20克/亩、5%烯肟菌胺乳油80毫升/亩或12.5%腈菌唑乳油60毫升/亩，兑水30~50千克均匀喷雾。

第二节 小麦虫害及其防控

一、蚜虫

(一) 危害症状

小麦蚜虫又名腻虫，是小麦生产中的主要害虫，以成虫、若虫刺吸麦株茎、叶和嫩穗的汁液危害小麦（直接危害），再加上蚜虫排出的蜜露，落在麦叶片上，严重影响光合作用（间接危害）。前期危害可造成麦苗发黄，影响生长，后期被害部分出现黄色小斑点，麦叶逐渐发黄，麦粒不饱满，严重时麦穗枯白，不能结实，甚至整株枯死，严重影响小麦产量。

(二) 发生规律

小麦蚜虫的越冬虫态及场所均依各地气候条件而不同，南方无越冬期，北方麦区、黄河流域麦区以无翅胎生雌蚜在麦株基部叶丛或土缝内越冬，北部较寒冷的麦区，多以卵在麦苗枯叶上、杂草上、茬管中、土缝内越冬，而且越向北，以卵越冬率越高。从发生时间上看，麦二叉蚜早于麦长管蚜，麦长管蚜一般到小麦拔节后才逐渐加重。

麦蚜为间歇性猖獗发生，与气候条件密切相关。麦长管蚜喜中温不耐高温，要求湿度为 40%~80%，而麦二叉蚜则耐 30℃的高温，喜干怕湿，湿度 35%~67% 为适宜。一般早播麦田，蚜虫迁入早，繁殖快，危害重；夏秋作物的种类和面积直接影响麦蚜的越夏和繁殖。

(三) 防控措施

1. 农业防治

合理布局作物，冬、春麦混种区尽量使其单一化，秋季作物尽可能为玉米和谷子等；选择一些抗虫耐病的小麦品种，造成不良的食物条件，抑制或减轻蚜虫发生；冬麦适当晚播，实行冬灌，早春耙磨镇压，减少前期虫源基数。

2. 化学防治

主要防治穗期蚜虫，抽穗后当蚜株率超过30%，百株蚜量超过1 000头，瓢蚜比小于1：150就要及时防治。每亩选用4.5%高效氯氰菊酯可湿性粉剂30~60毫升、10%吡虫啉可湿性粉剂15~20克或50%抗蚜威可湿性粉剂10~15克，上述农药中任选一种，兑水30千克喷雾。在上午露水干后或傍晚均匀喷雾，防治效果均较好。如发生较严重，还可用吡蚜酮、氟啶虫胺腈或啶虫脒等防治。

二、吸浆虫

（一）危害症状

小麦吸浆虫常见的有麦红吸浆虫、麦黄吸浆虫两种。黄淮流域以麦红吸浆虫为主，麦黄吸浆虫少有发生。幼虫潜伏在颖壳内吸食正在灌浆的麦粒汁液，小麦生长势和穗型不受影响，由于麦粒被吸空、麦秆表现直立不倒，具有假旺盛的长势。受害麦粒秕瘦，甚至空壳，出现"千斤的长势，几百斤甚至几十斤产量"的残局。吸浆虫对小麦产量具有毁灭性，可造成10%~30%的减产，严重的达70%以上，甚至绝收。

（二）发生规律

麦红吸浆虫在每年发生1代，但幼虫有多年休眠习性，因此也有多年1代的可能。以幼虫在土中结圆茧越夏越冬，越冬幼虫3—4月化蛹，4月下旬成虫羽化，产卵于未扬花的颖壳内，幼虫吸食正在灌浆的麦粒汁液，5月下旬入土越夏。

(三) 防控措施

1. 农业防治

施足基肥，春季少施化肥，使小麦生长发育整齐健壮。

2. 化学防治

（1）幼虫期。在小麦播种前撒毒土防治土中幼虫，于播前整地时进行土壤处理。用5%辛硫磷颗粒剂150~240克/亩加20千克干细土，拌匀制成毒土撒施在地表。

（2）蛹期。蛹期防治在小麦孕穗期进行，是防治的关键时期。可选用5%辛硫磷颗粒剂150~240克/亩、50%辛硫磷乳油150毫升/亩、48%毒死蜱乳油100~125毫升/亩、50%倍硫磷乳油75毫升/亩加20千克细土制成毒土，均匀撒在地表，然后进行锄地，把毒土混入表土层中，如施药后灌一次水，效果更好。

（3）成虫期。小麦齐穗期也可结合防治麦蚜，可选用80%敌敌畏乳油100毫升/亩、50%马拉硫磷乳油35毫升/亩、4.5%氯氰菊酯乳油40毫升/亩、2.5%溴氰菊酯乳油或20%氰戊菊酯乳油2 000倍液防治成虫等。该虫卵期较长，发生严重时可连续防治2次。

三、麦蜘蛛

(一) 危害症状

在中国小麦产区常见的麦蜘蛛主要有两种：麦长腿蜘蛛和麦圆蜘蛛。北方以麦长腿蜘蛛为主，南方以麦圆蜘蛛为主。麦长腿蜘蛛主要发生在地势高、气候干燥的干旱麦田。麦蜘蛛在冬季前或春季以成螨、若螨刺吸叶片汁液，被害麦叶出现黄白色小点，植株矮小，发育不良，重则干枯死亡。麦圆蜘蛛以危害小麦为主，主要分布在地势低洼、地下水位高、土壤黏重、植株过密的麦田。

(二) 发生规律

麦长腿蜘蛛每年发生3~4代,麦圆蜘蛛每年发生2~3代,两者都是以成螨、若螨或卵在植株根际、杂草上或土缝中越冬;翌年2月中旬成螨开始活动,越冬卵孵化;3月中下旬至4月上旬密度迅速增大,危害加重;5月中下旬,成螨数量急剧下降,以卵越夏。越夏卵10月上中旬陆续孵化,在小麦幼苗上繁殖危害,喜潮湿,多在8:00以前和17:00以后活动危害,12月以后若螨减少,越冬卵增多,以卵或成螨越冬。

(三) 防控措施

1. 农业防治

因地制宜采用轮作倒茬,麦收后浅耕灭茬能杀死大量螨虫,可有效消灭越夏卵;合理灌溉灭螨,在麦蜘蛛潜伏期灌水,可使虫体被泥水粘于地表而死。灌水前先扫动麦株,使麦蜘蛛假死落地,随即放水,收效更好;加强田间管理,增强小麦自身抗病虫害能力;及时进行田间除草,可有效减轻其危害。

2. 化学防治

当麦垄单行33厘米有虫200头时防治。可选用1.8%阿维菌素乳油2 000~4 000倍液、15%哒螨灵乳油2 000~3 000倍液、20%哒螨灵可湿性粉剂3 000~4 000倍液或50%马拉硫磷乳油2 000倍液喷雾。

第三章 水稻重大病虫害防控技术

第一节 水稻病害及其防控

一、稻瘟病

(一) 危害症状

稻瘟病是各地水稻普遍发生且对水稻生产影响最严重的病害之一，分布广，常常造成不同程度的减产，还使稻米品质降低，轻者减产10%~20%，重者颗粒无收。播种带病种子可引起苗瘟，苗瘟多发生在三叶前，病苗基部灰黑色，上部变褐，卷缩而死，湿度大时病部产生灰黑色霉层。叶瘟多发生在分蘖至拔节期，慢性型病斑，开始叶片上产生暗绿色小斑，逐渐扩大为梭形斑，病斑中央灰白色、边缘褐色，病斑多时有的连片形成不规则大斑。常出现多种病斑如急性型病斑、白点型病斑、褐点型病斑等。节瘟多发生在抽穗以后，起初在稻节上产生褐色小点，后逐渐绕节扩展，使病部变黑，易折断。穗颈瘟多发生在抽穗后，初形成褐色小点，后扩展使穗颈部变褐色，也造成枯白穗。谷粒瘟多发生在开花后至籽粒形成阶段，产生褐色椭圆形或不规则病斑，可使稻谷变黑，有的颖壳无症状，护颖受害变褐，使种子带菌。

(二) 发生规律

稻瘟病病原菌为稻梨孢，属半知菌亚门真菌，病菌以分生孢子或菌丝体在带病稻草或稻谷上越冬，翌年7月上旬，温度适宜时，病稻草上的病菌借气流传播到水稻叶片上引起发病。在病斑上产生大量的灰绿色霉层就是病原菌，靠风雨再传染到其他叶片、节、穗颈上，造成持续发病。水稻不同品种间抗病性差异较大，种植感病品种、插秧密度过大、施用氮肥过多过晚，都会导致发病加重。若7月中下旬阴雨连绵，雨日多，形成低温、高湿、光照少的田间小气候则有利于稻瘟病的发生。

（三）防控措施

1. 农业防治

选用抗病品种；及时清除带病植株根系残茬，减少菌源；合理密植，适量使用氮肥，浅水灌溉，使植株健壮生长，提高抗病能力。

2. 种子处理

种子处理主要包括晒种、选种、浸种消毒、催芽等。晒种：选择晴天晒种1~2天。选种：将晒过的种子用盐水或硫酸铵溶液选种。浸种消毒：浸种的温度最好是12~14℃，时间在8天左右且积温保持在80~100℃，浸好的种子稻壳颜色变深，呈半透明状，透过颖壳可以看到腹白和种胚，稻粒易掐断。催芽：将充分吸胀水分的种子进行催芽，采取高温破胸、适温长根、降温炼芽的原则，当芽长到2毫米时即可进行播种。

3. 化学防治

最佳时间是在孕穗末期至抽穗进行施药，以控制叶瘟且严防节瘟、茎穗瘟为主，应及时喷药防治。前期可选择喷施70%甲基硫菌灵可湿性粉剂100~140克/亩、25%多菌灵可湿性粉剂200克/亩等药剂，兑水30千克左右均匀喷雾。中期可选择喷施20%三环·多菌灵可湿性粉剂100~140克/亩、21%咪唑·多菌灵可湿性粉剂50~75克/亩、50%三环唑悬乳剂80~100毫升/亩、40%稻瘟灵乳油100~120毫升/亩、25%咪酰胺乳油40毫升+75%三环唑乳油 30~40 毫升/亩等农药、20%多·井·三环可湿性粉剂 100~120 克/亩，兑水 35 千克左右均匀喷雾。在孕穗末期至抽穗期，可选喷施 20%咪酰·三环唑可湿性粉剂 45~65 克/亩、35%唑酮·乙蒜素乳油 75~100 毫升/亩、20%三唑酮·三环唑可湿性粉剂 100~150 克/亩、30%己唑·稻瘟灵乳油 60~80 毫升/亩、40%稻瘟灵可湿性粉剂 80~100 克/亩、50%异稻瘟净乳油 100~150 毫升/亩，兑水 40 千克喷雾于植株上部。

二、水稻纹枯病

（一）危害症状

水稻纹枯病是水稻主要病害之一，发生普遍。病害发生时，先在叶鞘近水面处产生暗绿色水渍状边缘模糊的小斑点，逐渐扩大呈椭圆形或云纹状，由下向上蔓延至上部叶鞘。病鞘因组织受破坏而使上面的叶片枯黄。在干燥时，病斑中央为灰褐色或灰绿色，边缘暗褐色。潮湿时，病斑上有许多白色蛛丝状菌丝体，逐渐形成白色绒球状菌块，最后变成暗褐色菌块，菌核容易脱落掉入土中。也能产生白色粉状霉层，即病菌的担孢子。叶片染病，病斑呈云纹状，边缘黄色，发病快时病斑呈污绿色，叶片很快腐烂，湿度大时，病部长出白色网状菌丝，后汇聚成白色菌丝团，最后形成蜂窝状菌核，菌核易脱落。该病严重危害时引起植株倒伏，千粒重下降，秕粒较多，或整株丛腐烂而死亡，或后期不能抽穗，导致绝收。

纹枯病以菌核在土壤中越冬，也能由菌丝或菌核在病稻草或杂草上越冬。水稻成熟收割时大量菌核落在田中，成为翌年或下季稻的主要初次侵染源。春耕插秧后漂浮水面或沉在水底的菌核都能萌发生长菌丝，从气孔处直接穿破表皮侵入稻株危害，在组织内部不断扩展，继续生长菌丝和菌核，进行再次侵染。长期淹灌深水或氮肥施用过多过迟，有利于该病菌入侵，而且也易倒伏，加重病害。

（二）发生规律

水稻纹枯病是真菌性病害，病菌的菌核在种植土壤、禾秆病部、杂草等环境中越冬，是形成病害的初步传染源。在春季进行耕种时，大多数成功越冬的菌核都会在水面上漂浮，然后附着在水稻植株上。当自然环境温度较为适宜时，菌核会不断萌发，形成菌丝，侵染水稻，使水稻发病，而在高温、高湿条件下，可导致水稻纹枯病流行性暴发。在水稻种植后，病害发生过早、过多、过重，是当前稻区普遍存在的现象。

（三）防控措施

1. 农业防治

水稻种植主要在于水稻品种选择，因为好的品种能够抗病原菌，减少病害发生概率。通过实践研究可知，当前籼稻植株蜡质保护层较厚，硅化物质较多，实际抗病性较好，粳稻次之，糯稻实际抗病性最差。在相同的种植环境中，早熟品种的抗病性较低，迟熟品种的抗病能力较好。

在水稻进行插秧之前需要及时捞出稻田水面上漂浮的菌核，全面减少菌源数。实际操作如下：通过放高水位（水位高度3.3~6.6厘米）耙田，使菌核漂浮在水面上，并停留一段时间之后，使漂浮在水面之上的枯枝、杂草、菌核等随风汇集到下风田角、田边之后，通过细纱网等相关工具及时捞出水面上漂浮的枯枝、杂草和菌核，然后将其烧毁，从而能够有效控制菌源数量，对前期发病进行有效调控。

培育壮秧、合理密植、插足基本苗，是实现水稻抗病、高产、优质的重要配套技术，也是对水稻纹枯病进行综合防治的有效措施。同时，种植户应施足基肥，合理追肥，增施磷、钾肥，不偏施氮肥，既可促进水稻生长、提高产量，又能提高水稻的抗逆、抗病能力。

2. 化学防治

水稻纹枯病在发病初期，病情发展较为缓慢，发病后期病情发展迅速，为了控制病情必须及时施药防治。在分蘖期，当发现病丛率达到5%~10%时即可开始用药防治。大田孕穗期和抽穗期病情发展迅速，必须加强防治，控制病害发展，常规用药可选用井冈霉素粉剂、苯甲·丙环唑乳油、己唑醇悬浮剂等农药兑水喷雾，每次施药必须连续使用2次，第1次施药后隔7天左右再施第2次药，从而才能取得良好的防治效果。此外，施药时注意均匀周到，使足量的药液喷到植株中下部，提高防治效果。

三、稻曲病

（一）危害症状

水稻稻曲病是水稻生长后期穗部发生的一种真菌性病害，又称伪黑穗病、绿黑穗病、谷花病、青粉病，俗称"丰产果"。近年来在全国各地稻区普遍发生且逐年加重，已成为水稻主要病害之一。该病主要发生于水稻穗部，危害部分谷粒，轻则一穗中出现几颗病粒，重则多达数十粒，病穗率可高达10%以上。病粒比正常谷粒大3~4倍，整个病粒被菌丝块包围，颜色初呈橙黄，后转墨绿，后显粗糙龟裂，其上布满黑色粉状物。

（二）发生规律

多在水稻开花以后至乳熟期的穗部发生且主要分布在稻穗的中下部。感病后籽粒的千粒重、产量下降，秕谷、碎米增加，出米率、品质降低。该病菌含有对人、畜、禽有毒的物质，易对人体造成直接和间接的伤害。

（三）防控措施

1. 农业防治

选择抗病耐病品种；建立无病种子田，避免病田留种；收获后及时清除病残体、深耕翻埋菌核；发病时摘除并销毁病粒；改进施肥技术，基肥要足，慎用穗肥，采用配方施肥；浅水勤灌，后期见干见湿。

2. 种子处理

种子用包衣剂包衣，或用广谱性杀菌剂拌种，可用85%三氯异氰尿酸可湿性粉剂300~500倍液浸种12~24小时，捞出沥水洗净，催芽播种。也可用50%代森铵水剂500倍液浸种12~24小时，洗净药液后催芽播种。

3. 化学防治

该病一般要求用药两次：第1次当全田1/3以上旗叶全部抽出，即俗称"大打包"时用药（出穗前5~7天），为此病的初侵染高峰期，这时防治效果最好；第2次在破口始穗期再用1次药，以巩固和提高防治效果。抽穗前每亩用18%多菌酮粉剂150~200克，或在水稻孕穗末期每亩用15%络氨铜水剂250克，或5%井冈霉素水剂100克，兑水50千克喷洒，施药时可加入三环唑或多菌灵兼防穗瘟；或每亩用40%多·酮可湿性粉剂60~75克，兑水60千克，还可兼治水稻叶枯病、纹枯病等。孕穗期和始穗期各防治1次，效果良好。

四、穗腐病

水稻穗腐病是真菌性病害，是由气候、耕作栽培制度的改变，以及施肥量的增加、品种的变更等原因造成的，是近年来全国各稻区水稻后期普遍发生的一种穗部病害。

（一）危害症状

穗腐病主要发生在抽穗后期，可引起苗枯、茎腐、基腐；小穗受害后出现褐色水渍状病斑，逐渐蔓延至全穗使病穗枯黄，籽粒干瘪、霉烂。病穗与苞叶间充满白色菌丝体，籽粒间有时也产生灰白色菌丝体，在贮藏中还能继续发展使整穗干腐。

患病稻谷的谷壳上有紫色或褐色大小不一的点,米粒上面没有褐色线。穗腐病与穗枯病这两种病害有时难以区别,判别穗腐病一定要剥开谷壳观察米粒上是否有褐色线,没有则是穗腐病。

(二) 发生规律

病原菌以镰刀菌为主要初侵染源。穗腐病的发生、危害、流行规律,与气候条件、品种类型、耕作栽培制度、肥水管理(偏施、过施或迟施氮肥)、植株贪青成熟延迟的关系十分密切。

(三) 防控措施

1. 种子消毒

方法同稻瘟病。

2. 农业防治

处理田间瘪谷,最好烧作灰肥以减少病菌来源。

加强肥水管理,避免偏施、过施、迟施氮肥,增施磷、钾肥。适时适度露晒田使植株转色正常、稳健生长,以增强根系活力防止倒伏。

3. 化学防治

结合防穗颈瘟抓好抽穗期前后喷药预防。在历年发病的地区或田块,在始穗和齐穗期各喷药1次,必要时在灌浆乳熟前加喷1次。另外根据天气预报掌握抽穗前风雨到来前或后喷药1次,可减轻发病。

药剂选择:可选用50%多菌灵可湿性粉剂、70%甲基硫菌灵可湿性粉剂、45%咪鲜胺水乳剂、80%代森锰锌可湿性粉剂、20%三唑酮乳油,以及春雷霉素、噻菌灵等。复配剂中可选用三唑酮+苯甲·丙环唑或戊唑醇+丙森锌。另外,三环唑+三唑酮、三环唑+多菌灵、三环唑+苯甲·丙环唑或三环唑+甲基硫菌灵的防效也不错。目前尚无专用药剂防治穗腐病。

五、水稻白叶枯病

（一）危害症状

水稻白叶枯病是水稻中、后期的重要病害之一，发病轻重及对水稻影响的大小与发病早迟有关，抽穗前发病对产量影响较大。该病主要有叶缘枯萎型、急性凋萎型和褐斑褐变型。

1. 叶缘枯萎型

先从叶尖或叶缘开始，先出现暗绿色水浸状线状斑，很快沿线状斑形成黄白色病斑，然后病斑从叶尖或叶缘开始发生黄褐色或暗绿色短条斑，沿叶脉上、下扩展，病、健交界处有时呈波纹状，以后叶片变为灰白色或黄色而枯死。

2. 急性凋萎型

一般发生在苗期至分蘖期（秧苗移栽后1个月左右），病菌从根系或茎基部伤口侵入微管束时易发病，病叶多在心叶下1~2叶处，迅速失水、青卷，最后全株枯萎死亡，或造成枯心，其他叶片相继青萎。病株的主蘖和分蘖均可发病直至枯死，引起稻田大量死苗、缺丛。

3. 褐斑褐变型

病菌通过伤口或剪叶侵入，在气温低或不利于发病条件下，病斑外围出现褐色坏死反应带，危害严重时田间一片枯黄。

（二）发生规律

水稻白叶枯病菌主要在稻种、稻草、稻桩附近土壤中越冬。播种病稻种，病菌可通过幼苗的根和芽鞘侵入。病稻草和病稻桩上的病菌，遇到雨水就渗入水流中，秧苗接触带菌水，病菌从水孔、伤口侵入稻体。用病稻草催芽、覆盖秧苗、扎秧把等有利病害传播。水稻秧田期由于温度低，菌量较少，一般看不到症状，直到孕穗前后才暴发出来。病斑上的溢脓，可借风、雨、露水和叶片接触等进行再侵染。病菌经寄主水孔和伤口入侵致病。高温多雨、洪涝频繁最有利病害发生流行；肥水管理不当，偏施氮肥，深水灌溉、串灌、漫灌或稻田受涝，均易诱发病害流行，较易感病。

（三）防控措施

1. 农业防治

选择抗病、耐病优良品种；合理施用氮肥，合理密植，防止稻田淹水是防病关键；及时清理病残体并施腐熟有机肥，铲除田边地头病菌寄生性杂草。

2. 种子处理

用包衣剂包衣种子，或用温汤浸种，用广谱性杀菌剂拌种。

3. 化学防治

可选用3%中生菌素可湿性粉剂60克/亩、20%叶枯唑可湿性粉剂100克/亩、50%氯溴异氰尿酸水溶性粉剂60克/亩，兑水50~60千克均匀喷雾。也可选用20%噻森铜悬浮剂300~500倍液、40%三氯异氰尿酸可湿性粉剂2 500倍液、20%喹菌酮可湿性粉剂1 000~1 500倍液、77%氢氧化铜悬浮剂600~800倍液，每亩用量50~60千克均匀喷洒，间隔7~10天，交替用药连续喷施2~3次防治效果更佳。

六、南方水稻黑条矮缩病

南方水稻黑条矮缩病，俗称矮稻、矮子禾，是一种水稻病毒性病害，具有突发性强、扩散蔓延快、产量损失大的特点。病原为水稻黑条矮缩病毒。

（一）危害症状

水稻苗期、分蘖前期感染发病后可导致绝收，拔节期和孕穗期发病损失达10%~30%。主要症状表现为：发病植株明显矮缩，叶面有凹凸不平的皱褶，茎节有不定根及高节位分枝，茎秆表面有白色瘤状突起，后期变褐黑色，发病禾苗根系褐色、不发达。

(二) 发生规律

水稻感病期主要在分蘖以前的苗期（秧苗期和本田初期），拔节以后不易感病。最易感病期为秧苗的2~6叶期。同时，媒介昆虫可传播病毒。

(三) 防控措施

1. 农业防治

在早稻收获后，及时焚烧发病稻草，并清除干净稻田里的杂草。晚稻秧田应尽量选择远离重病田的田块，提倡秧田集中连片培育秧苗。不要将有病秧苗运到无病区。提倡更换品种，合理施肥，适当增施磷、钾肥，加强肥水管理。南方水稻黑条矮缩病重发地区，应适当加大播种量，合理密植，或预留备用苗。对发病秧田，要及时剔除病株。

2. 种子处理

用25%吡蚜酮可湿性粉剂1 000倍液浸种6~10小时，或播种前3~5小时用25%吡蚜酮可湿性粉剂2克与少量细土拌匀，再均匀拌种1千克，或用10%吡虫啉可湿性粉剂300~500倍液浸种8~10小时，或用2.5%咪鲜·吡虫啉悬浮种衣剂按药种比为1:（40~50）进行包衣。

3. 防治稻飞虱

喷洒"送嫁药"，秧苗插前3~5天喷施20%盐酸吗啉胍可湿性粉剂50~60克/亩+20%吡蚜酮可湿性粉剂20克/亩，或25%噻嗪酮可湿性粉剂40~60克/亩、10%醚菊酯悬浮剂30~80毫升/亩，加入3%植物激活蛋白30克/亩（或宁南霉素等抗病毒病）及叶面肥，兑水30~45千克均匀喷雾。

本田初期防治灰飞虱，秧苗移栽后 10 天左右，每亩用 25% 吡蚜酮可湿性粉剂 16~24 克，或 10% 吡虫啉可湿性粉剂 40~60 克，或 25% 噻嗪酮可湿性粉剂 50 克等，兑水 40~50 千克均匀喷雾。

对大田分蘖期丛发病率 2% 以下的田块，直接将病株（丛）踩入泥中，发病率 2%~20% 的田块，及时拔除病株（丛），并就地踩入泥中深埋，然后从健丛中掰蘖补苗，同时要加强肥水管理，促进早发，保证有效分蘖数量及有效穗数。

4. 化学防治

对已经发病的田块，发病初期每亩用 2% 宁南霉素水剂 45~60 毫升，或 3% 氨基寡糖素水剂 50~75 毫升，兑水 30~45 千克喷雾。

七、水稻细菌性基腐病

水稻细菌性基腐病主要危害水稻根节部和茎基部，病原为菊欧文氏菌玉米致病变种，属细菌性病害。

（一）危害症状

水稻细菌性基腐病在水稻整个生长期均可发生，病菌在种子萌芽过程中侵入，可造成烂种、烂芽。分蘖至灌浆期发病，典型植株茎基部变黑腐烂，并伴有恶臭味，剖开病茎可见内壁呈湿腐状，手触有黏稠感。随着病情的加重，病株根颈处易折断。发病较轻时，田间病株呈零星分布，在同一稻丛中常与健株混生。水稻分蘖期发病，病株先表现为心叶青卷，随后逐渐枯黄，外观似螟虫危害导致的枯心苗。暴雨或淹水田块往往突然暴发造成全田发病，大量死苗。圆秆拔节期病株叶片自下而上逐渐变黄，叶鞘近水面处有边缘褐色、中间青灰色的长条形病斑。孕穗期以后发病，常表现为急性青枯死苗现象，病株先失水青枯，形成枯孕穗、半枯穗和枯穗，有的病株基部以上 2~

3个茎节也同时变成黑褐色,并生有少量倒生根。

(二)发生规律

一般在水稻分蘖期至灌浆期发生,但有两个发病高峰:一是移栽返青期,二是抽穗灌浆期。水稻移栽后2周开始发病,多造成僵苗不发或死苗,死苗有"枯心死"和"剥皮烂"两种类型。尚无特别有效的药剂加以防治。

(三)防控措施

1. 农业防治

(1)选用抗病品种。各地应根据自己的情况选出适合本地的高产抗病品种。

(2)种子处理。用40%三氯异氰尿酸可湿性粉剂浸种。稻种先用清水浸24小时后滤水晾干,再用300倍药液浸种,早稻浸24小时,晚稻浸12小时,捞出用清水冲洗净,早稻再用清水浸12小时(晚稻不浸),捞出催芽、播种。

用80%乙蒜素(抗菌素"402")2 000倍液浸种48小时,捞出催芽、播种。

用50%代森铵水剂50倍液浸种2小时,捞出催芽、播种。

用10%叶枯净水剂2 000倍液浸种24~48小时,捞出催芽、播种。

用12%松脂酸铜乳油水稻专用型50~80毫升兑水50千克浸种,先将稻种在药液中浸泡24小时,再用清水浸泡,然后催芽播种。

(3)加强栽培管理,培育壮秧。移栽时,防止病苗、弱苗、嫩苗移入大田。插秧前,整地要力求平整;插秧后,避免深灌和局部低洼处积水。采用旱育秧的方式培育壮秧,减少拔秧时的机械损伤。采用小苗抛栽、机插秧等小苗移栽方式,有利于减轻病害的发生。增施钾肥,每亩施氯化钾7.5~10.0千克,或新鲜草木灰75千克,同时避免偏施、迟施氮肥。促进稻株健壮生长，减少基腐病发生。

（4）加强水浆管理。做到"深水活筼，浅水分蘖，晒田壮秆，干湿到老"，既要避免"一水到底"，又不能断水过早。洪水退后，应立即排水，撒施石灰、草木灰，控制病害扩展，促进稻根再生。当新根出现时，抓紧追施速效氮肥，促进稻株恢复生长，以减少损失。晚稻乳熟期要特别注意天气状况，一旦有台风或暴雨，应立即在大风前浅灌水，防止病株失水青枯，以减轻病害。

2. 化学防治

水稻细菌性基腐病应以预防为主，一定要在水稻发病前用药，否则将影响防治效果。在移栽前、分蘖期、抽穗前期各施药1次，效果更好。

秧田期发病，每亩用20%叶枯唑可湿性粉剂100克，兑水70升，在秧苗3叶期和移栽前5~7天各喷雾防治1次。

在大田，每亩可选用20%叶枯唑可湿性粉剂100克、90%克菌壮可溶性粉剂75克、20%乙蒜素高渗乳油75~100毫升、36%三氯异氰尿酸可湿性粉剂60~80克、20%噻唑锌悬浮剂100~125毫升、20%噻森铜悬浮剂120~200毫升或77%氢氧化铜可湿性粉剂120克，兑水50~60升，在秧田或大田发病始期喷药防治。或用23%嘧菌·噻霉酮悬浮剂600倍液喷雾防治，宜5天左右喷施1次，视病情程度施药2~3次。

八、水稻干尖线虫病

水稻干尖线虫病又称白尖病、干尖病、线虫枯死病。

（一）危害症状

苗期症状不明显，偶在4~5片真叶时出现叶尖灰白色干枯，扭曲干尖。病株孕穗后干尖更严重，在孕穗期剑叶或上部2、3叶尖端1~8厘米处逐渐枯死，呈黄褐色或褐色，略透明，与健部有明显褐色分界纹。

（二）发生规律

以成虫、幼虫在谷粒颖壳中越冬，干燥条件可存活3年，浸水条件能存活30天。浸种时，种子内线虫复苏，游于水中，遇幼芽从芽鞘缝钻入，附于生长点、叶芽及新生嫩叶尖端的细胞外，以吻针刺入细胞吸食汁液，致被害叶形成干尖。线虫在稻株体内生长发育并交配繁殖，随稻株生长，侵入穗原基。孕穗期集中在幼穗颖壳内外，造成穗粒带虫。线虫在稻株内繁殖1~2代。秧田期和本田初期靠灌溉水传播，扩大危害。土壤不能传病。随稻种调运进行远距离传播。

（三）防控措施

水稻干尖线虫病一旦发生难以防治，在加强检疫、严格禁止从病区调运种子的基础上，最好的防治办法是药剂浸种。

1. 温汤浸种

先将稻谷放在冷水中浸24小时，然后放入45~47℃温水中预浸5分钟，再转入52~54℃温水中浸10分钟，取出用清水冷却后浸种催芽。也可直接用55~61℃温水处理稻种15分钟。

2. 盐酸液浸种

用工业盐酸0.3千克或化学试剂盐酸0.25千克，兑水50千克浸种72小时，取出后用水冲洗，催芽浸种，溶液可连续使用5次。

3. 石灰水浸种

取0.5千克优质生石灰兑水50千克，搅拌后滤去石渣，倒入30千克稻种，水面高出种子15~20厘米。日平均温度15℃时浸72小时，日平均温度20℃时浸48小时。浸种期间不要弄破水面的结晶膜，浸种后先用清水淘洗后再催芽。

4. 药剂浸种

先用少量水将 1.5%二硫氰基甲烷药粉搅成糊状，然后按每 10 克兑水 7 千克，搅匀配成 700~800 倍液，然后浸入种子 5 千克，浸种后直接催芽，早稻浸种时间不得少于 72 小时，晚稻浸种不得少于 48 小时。该药对水稻恶苗病和干尖线虫病均有效。

16%咪鲜·杀螟丹可湿性粉剂或 17%杀螟·乙蒜素可湿性粉剂 15 克，兑水 6 千克配制成 400 倍水溶液，浸种 8~10 千克，日平均温度 18~20℃时浸种 60 小时，日平均温度 23~25℃时浸种 48 小时，对线虫的杀死率可达 100%。

4.2%二硫氰基甲烷乳油 2 毫升加水配成 5 000~7 000 倍液，浸种 6~7 千克，浸泡 24~48 小时。在用二硫氰基甲烷浸种过程中，要避免光照，应勤搅动。南方地区因温度较高，可适当缩短浸种时间。

用 10%乙蒜素 1 000 倍液浸种 48 小时，或用 80%乙蒜素 5 000 倍液浸种 48 小时。如消毒时种子未吸足水，可洗净后再用清水浸种。

用 80%敌敌畏乳油或 50%杀螟硫磷乳剂 1 000 倍液浸种 24~48 小时，捞出催芽、播种。

第二节　水稻虫害及其防控

一、稻飞虱

稻飞虱是远距离迁飞性害虫，具有突发、暴发和大范围危害的特点，随强对流天气迁入。稻飞虱主要有灰飞虱、白背飞虱和褐飞虱。

（一）危害症状

该虫以成虫、若虫群集于稻株下部刺吸汁液，影响稻株水分和养分的运输,并有利于病菌的侵染,严重时可使稻株黄萎倒伏,被害稻田出现"黄塘""穿顶""虱烧",逐渐扩大成片,甚至全田枯死,导致严重减产,甚至绝收。

(二)发生规律

稻飞虱具有迁飞性,春夏从南向北迁飞,也有本地稻飞虱(短翅型褐飞虱)。适宜在20~30℃温度下生长发育,偏施氮肥、种植密度过大、较阴湿的田块容易发生重。白背飞虱、长翅型褐飞虱成虫具有趋光性。短翅型褐飞虱虫量多,预示着褐飞虱可能会暴发成灾。另外,三唑磷、拟除虫菊酯类杀虫剂对褐飞虱具有刺激生殖作用,不合理使用容易造成稻飞虱暴发。

(三)防控措施

加强田间肥水管理,防止后期贪青徒长,适当烤田,降低田间湿度;必要时喷洒5%吡虫啉乳油18~24克/亩、20%烯啶虫胺可溶剂20~30毫升/亩等药剂。

二、稻纵卷叶螟

(一)危害症状

稻纵卷叶螟是水稻田常见的广谱性害虫之一,我国各稻区均有发生。以幼虫缀丝纵卷水稻叶片成虫苞,叶肉被螟虫食后形成白色条斑,严重时连片造成白叶,幼虫稍大便可在水稻心叶吐丝,把叶片两边卷成管状虫苞,虫子躲在苞内取食叶肉和上表皮,抽穗后,至较嫩的叶鞘内危害。不同品种间受害程度差异显著。

(二)发生规律

成虫有趋光性、栖息趋隐蔽性和产卵趋嫩性,且能长距离迁飞。成虫羽化后2天选择生长茂密的稻田产卵,产卵位置因水稻生育期而异,卵多产在叶片中脉附近。适温高湿产卵量大,一般每雌产卵40~70粒,最多150粒;卵多单产,也有2~5粒产于一起。气温22~28℃、相对湿度80%以上，卵孵化率可达80%以上。1龄幼虫在分蘖期爬入心叶或嫩叶鞘内侧啃食，在孕穗抽穗期，则爬至老虫苞或嫩叶鞘内侧啃食。2龄幼虫可将叶尖卷成小虫苞，然后吐丝纵卷稻叶形成新的虫苞，幼虫潜藏虫苞内啃食。幼虫蜕皮前，转移至新叶重新结苞。4~5龄幼虫食量占总取食量95%左右，危害最大。老熟幼虫在稻丛基部的黄叶或无效分蘖的嫩叶苞中化蛹，有的在稻丛间，少数在老虫苞中。

该虫喜欢生长在嫩绿、湿度大的稻田。适温高湿情况下，有利于成虫产卵、孵化和幼虫成活，因此，多雨日及多露水的高湿天气有利于稻纵卷叶螟发生。多施氮肥、迟施氮肥的稻田发生量大，危害重。水稻叶片窄、生长挺立（田间通风透光好）、叶面多毛的品种不利于稻纵卷叶螟发生；水稻叶片宽、生长披垂（田间通风透光差）、叶面少毛的品种有利于稻纵卷叶螟发生。若遇冬季气温偏高，其越冬地界北移，翌年发生早；夏季多台风，则随气流迁飞机会增多，发生会加重。

（三）防控措施

1. 农业防治

合理密植，科学施肥，注意不要偏施氮肥和过晚施氮肥，防止徒长。

2. 化学防治

在水稻孕穗期或幼虫孵化高峰期至低龄幼虫期是防治关键时期，每百丛水稻有初卷小虫苞15~20个，或穗期每百丛有虫20头时施药。用15%三唑酮可湿性粉剂800~1 000倍液+90%敌百虫1 000~1 500倍液喷雾，每亩按50~60千克常规喷雾或超低量喷雾，可有效防治稻纵卷叶螟、稻苞虫，还可兼治稻纹枯病、稻曲病、稻粒黑粉病等多种穗期病害。应掌握在幼虫2龄期前防治效果最好。一般每亩选用40%氯虫·噻虫嗪水分散粒剂8~10克、31%唑磷·氟啶脲乳油60~70毫升、3%阿维·

氟铃脲可湿性粉剂 50~60 克、10.2%甲维·三唑磷乳油 100~120 毫升、18%杀虫双水剂 150~200 毫升、50%杀螟硫磷乳油 60 毫升，兑水 50~60 千克常规喷雾，或兑水 5.0~7.5 千克低量喷雾。

三、黏虫

黏虫属鳞翅目夜蛾科，俗称剃枝虫、栗夜盗虫、五彩虫、麦蚕等。各地均有发生。主要为害玉米、小麦、水稻、高粱以及谷子等禾本科作物。

（一）危害症状

水稻黏虫是多发型害虫，黏虫幼虫白天多潜伏在稻丛基部或稻田土壤缝隙中，夜晚或阴天出来危害，主要以幼虫咬食水稻叶片，1~2 龄幼虫仅食叶肉形成小孔，3 龄后才形成缺刻，5~6 龄达暴食期，严重时将叶片吃光，乳熟期、黄熟期咬断小枝梗，往往 1~2 天就落粒满田，造成严重减产，甚至绝收。

（二）发生规律

每年发生 3~7 代，以蛹在土中越冬。幼虫发育以 25~28℃ 和相对湿度 75%~90% 最为适宜。在北方，湿度对其影响更为明显，月降水量大于 100 毫米、相对湿度 70% 以上，危害严重。

（三）防控措施

冬季和早春结合施积肥，彻底铲除田埂、田边杂草；设置杀虫灯或糖醋酒液诱杀成虫；低龄幼虫期喷药防治，药剂可选用灭幼脲、毒死蜱等。

四、二化螟

二化螟属鳞翅目螟蛾科，俗称钻心虫，是我国水稻危害最严重的常发性害虫。

(一) 危害症状

以幼虫钻蛀稻秆危害，水稻在不同的生长期均可受害，形成不同的被害症状。叶鞘受害形成枯鞘，分蘖期受害形成枯心苗，孕穗期受害使稻穗不能抽出形成枯孕穗，抽穗期受害形成白穗，乳熟期以后受害形成虫伤株，对水稻产量影响较大的是枯心苗和白穗。

(二) 发生规律

1年发生1~5代。春季越冬幼虫在气温10℃左右开始出蛰，幼虫活动最适温度为15~22℃。蛹期的最适温度为20~30℃。成虫在18~23℃条件下交尾产卵。根据观察和饲养，二化螟适合在湿度较大的环境中生活。幼虫可短时间在水上漂浮，化蛹后，如最高气温达34℃，则由于水分不足稻秆枯燥，蛹干瘪死亡，死亡率达30.8%。

(三) 防控措施

1. 农业防治

主要采取消灭越冬虫源、灌水灭虫和避害、利用抗虫品种等措施。

冬闲田在冬季或翌年早春3月底以前翻耕灌水，及早处理含虫稻草，可把基部10~15厘米先切除烧毁。将含二化螟多的稻草，以及田间杂草、茭白遗株、玉米秸秆等及时清除，以消灭越冬虫源。对含有二化螟的早稻稻草，应及时挑到远离稻田的空地上暴晒杀虫，防止幼虫迁移转入晚稻田危害或顺利化蛹羽化。免耕田要实行齐泥割稻，避免高茬高桩。田间一旦发现被害株应及时拔除，如苗期至分蘖期拔除枯心苗、枯鞘株，抽穗期拔除枯孕穗、白穗，此法不但可以减少虫量，而且可以防止幼虫转株危害。

合理安排冬作物，晚熟小麦、大麦、油菜、留种绿肥要注意安排在虫源少的晚稻田中，可减少越冬害虫的基数。

因地制宜地调整耕作制度，尽量减少单季稻种植面积，规范播种日期，一季稻要集中连片种植，避免单、双季稻混栽，减少桥梁田，可以有效降低虫口数量。不能避免时，单季稻田提早翻耕灌水，降低越冬代数量；双季早稻收割后及时翻耕灌水，防止幼虫转移危害。在保证安全齐穗的前提下，单季稻区可适度推迟播种期，使其生长发育进度接近双季晚稻，这样既有利于防治，也便于集中消灭迁入虫源。

灌水灭蛹，6月中旬和8月下旬是1代、3代二化螟化蛹始盛期，二化螟多在水面不高的稻叶鞘及茎秆中化蛹，选择这时排干田中水，以降低二化螟化蛹部位，待到化蛹高峰时，再灌深水15~20厘米淹没3~4天，可杀死大部分预蛹和蛹。

2. 频振式杀虫灯诱杀

安装频振式杀虫灯诱杀成虫效果较好，可有效减少下代虫源。一盏灯可控制60亩水稻，降低落卵量70%左右，在4月中旬装灯，并挂上接虫袋，每日傍晚开灯，次日清晨关灯，9月底撤灯。

3. 性诱剂诱杀

使用性诱剂（条、棒）诱杀是利用昆虫性信息素诱杀雄成虫，要保持水盆诱捕器的盆口高度始终高出稻株20厘米，诱芯离水面0.5~1.0厘米，水中加入0.3%洗衣粉，在盆口边沿下2厘米处挖1对小孔以控制水位，每天清晨捞出盆中死蛾，傍晚加水至水位控制口，每10天更换一次盆中清水和洗衣粉，每20~30天更换一次诱芯。

4. 生物防治

利用二化螟的天敌二化螟绒茧蜂来寄生幼虫，或使用苏云金杆菌复配剂来防治二化螟幼虫等。

5. 化学防治

可以采用20%氯虫苯甲酰胺悬浮剂10毫升（或48%毒死蜱

乳油40毫升）+20%氯虫苯甲酰胺悬浮剂7.5毫升（或5%阿维菌素乳油20毫升），分别在二化螟一代卵孵化高峰期（6月20日左右）和二化螟二代卵孵化高峰期（8月1日左右）进行喷雾，每亩喷液量45千克。一般要求施药后保水5~7天，水深根据植株长势保持在3~4厘米。

要根据不同地区、不同代次因地制宜地选择药剂，尽量减少用药次数和用量，做到轮换用药，减缓抗药性，选择低毒和生物农药。防治二代二化螟，大水泼浇和粗喷雾的施药方式优于细喷雾和弥雾。

五、三化螟

三化螟属鳞翅目螟蛾科，别名钻心虫，是长江流域及以南水稻主产区最为严重的常发害虫，食性单一，仅危害水稻或野生稻。

（一）危害症状

幼虫钻蛀稻茎危害，在水稻分蘖时出现枯心苗，孕穗期、抽穗期形成枯孕穗或白穗、虫伤株及相应的枯心团、白穗群，没有二化螟那样的枯鞘。严重时颗粒无收。

（二）发生规律

三化螟因在江浙一带每年发生3代而得名，但在广东等地可发生5代。以老熟幼虫在稻桩内越冬，春季气温达16℃时，化蛹羽化飞往稻田产卵。在安徽每年发生3~4代，各代幼虫发生期和危害情况大致为：第一代在6月上中旬，危害早稻和早中稻造成枯心；第二代在7月，危害单季晚稻和迟中稻造成枯心，危害早稻和早中稻造成白穗；第三代在8月上中旬至9月上旬，危害双季晚稻造成枯心，危害迟中稻和单季晚稻造成白穗；第四代在9—10月，危害双季晚稻造成白穗。

(三) 防控措施

1. 农业防治

适当调整水稻布局，连片种植，在同一地区种植同一品种，使水稻生育期相对一致，既可缩短螟虫有效盛发时间，又可切断三化螟由第二代向第三代的过渡桥梁。及时春耕沤田，处理好稻茬，减少越冬虫口。调节播栽期，使易遭三化螟危害的生育阶段与三化螟盛孵期错开，可减轻受害。

2. 物理防治

安装频振式杀虫灯诱杀成虫效果较好，可有效减少下代虫源。

3. 化学防治

防治枯心，掌握在三化螟孵化高峰期；防治白穗，掌握在卵的盛孵期和破口吐穗期。坚持早破口早用药、晚破口迟用药的原则。如三化螟发生量大，三化螟的孵化期长或寄主孕穗、抽穗期长，应在第一次药后隔5～7天再施1次。兑水量越大防效越好，泼浇和喷粗雾的防效较理想，尤其是在水稻后期施药时，常规喷雾每亩兑水量不能低于60升，不宜使用弥雾机。

在幼虫孵化始盛期，每亩可选用80%吡虫啉·杀虫单可湿性粉剂40.0～62.5克、15%杀虫单·三唑磷乳油200～250毫升、25%吡虫·三唑磷乳油100～120毫升、70%噻嗪·杀虫单可湿性粉剂55～70克、1%甲氨基阿维菌素苯甲酸盐（甲维盐）乳油10～20毫升、18%杀虫双水剂250～300毫升、90%杀虫单可溶性粉剂50～60克、50%杀虫环可溶性粉剂50～100克，兑水50千克，均匀喷雾。

在水稻破口期，2～3龄幼虫期，每亩可选用55%杀虫单·苏云金杆菌可湿性粉剂80～100克、200克/升氯虫苯甲酰胺悬浮剂5～10毫升、20%甲氨基阿维菌素苯甲酸盐·杀虫单微乳剂15～20毫升、40%稻丰·三唑磷乳油40～60毫升、30%辛硫·

三唑磷乳油 70~90 毫升、40%丙溴·辛硫磷乳油 100~120 毫升、50%三唑磷·敌百虫乳油 100~120 毫升、20%三唑磷乳油 100~150 毫升、50%杀螟丹可溶性粉剂 80~100 克，兑水 50 千克，均匀喷雾，当虫口密度较大时，应连续喷药 2 次，间隔 5~7 天。

六、大螟

大螟别名稻蛀茎夜蛾、紫螟。该虫最初仅在稻田周边零星发生，随着耕作制度的变化，尤其是推广杂交稻以后，发生程度显著上升，近年来在我国部分地区更有超过三化螟的趋势，成为水稻常发性害虫之一。

（一）危害症状

大螟危害症状与二化螟相似，以幼虫蛀入稻茎危害，可造成枯鞘、枯心苗、枯孕穗、白穗及虫伤株。大螟危害的蛀孔较大，虫粪多，有大量虫粪排出茎外，受害稻茎的叶片、叶鞘部都变为黄色，有别于二化螟。大螟造成的枯心苗田边较多，田中间较少，有别于二化螟、三化螟危害造成的枯心苗。

（二）发生规律

一年发生 2~5 代，以幼虫在稻茬、杂草根间、玉米、高粱及茭白等残体内越冬。翌春老熟幼虫在气温高于 10℃时开始化蛹，15℃时羽化，越冬代成虫把卵产在春玉米或田边看麦娘等杂草叶鞘内侧，幼虫孵化后再转移到邻近边行水稻上蛀入叶鞘内取食，蛀入处可见红褐色锈斑块。3 龄前常多头群集在一起，把叶鞘内层吃光，后钻进心叶造成枯心。3 龄后分散，危害田边 2~3 墩稻苗，蛀孔距水面 10~30 厘米，老熟时在叶鞘处化蛹。成虫趋光性不强，飞翔力弱，常栖息在株间。每只雌虫可产卵约 240 粒，卵历期 1 代为 12 天左右，2 代、3 代 5~6 天；幼虫期 1 代约 30 天，2 代 28 天左右，3 代 32 天左右；蛹期 10~15 天。一般田边比田中产卵多，危害重。稻田附近种植玉米、茭白等作物的地区大螟危害比较严重。

(三) 防控措施

1. 农业防治

冬春期间铲除田边杂草,消灭其中的越冬幼虫和蛹;早稻收割后及时翻耕沤田;春玉米收获后及时清除遗株,消灭其中幼虫和蛹;有茭白的地区,应在早春前齐泥割去残株。

2. 化学防治

根据"狠治一代,重点防治稻田边行"的防治策略,当枯鞘率达5%,或始见枯心苗危害状时,在幼虫1~2龄阶段,及时喷药防治。每亩选用18%杀虫双水剂250毫升,或50%杀螟丹可溶性粉剂80~120克等药剂,兑水50千克喷雾。

七、稻叶蝉

稻叶蝉,是危害水稻的叶蝉类昆虫的统称。

(一) 危害症状

成虫、若虫均以针状口器刺吸稻株汁液,在取食和产卵的同时也刺伤了水稻茎叶,破坏其输导组织,轻的使稻株叶鞘、茎秆基部呈现许多棕褐色斑点,严重时褐斑连片,全株枯黄,甚至成片枯死,形似火烧。在水稻抽穗、灌浆时期,成虫、若虫群集在水稻穗部取食,形成白穗或半枯穗。通常情况下,黑尾叶蝉吸食危害往往不及其传播水稻病毒病的危害严重,传播的病害有水稻普通矮缩病、黄矮病、黄萎病、簇矮病、瘤矮病和东格鲁病毒病等多种,被传毒的稻株表现为病毒病症状。

(二) 发生规律

水稻叶蝉中以黑尾叶蝉和白翅叶蝉发生最普遍,危害最重。黑尾叶蝉在我国各稻区均有分布,白翅叶蝉主要分布在长江以南稻区。黑尾叶蝉在我国一年发生2~8代,以若虫和少量成虫在绿肥田、田埂、沟边的禾本科杂草上越冬。世代重叠明显，田间危害高峰期在7—8月。成虫白天多在稻株中下部，早晚可到稻株上部叶片上取食。性活泼，能飞善跳，晴天时甚为活跃，低温、阴雨及大风时，则栖息于稻茎基部。受到惊动时，横行斜走或飞走。趋光性强，天气闷热的黑夜可大量扑灯，有趋嫩绿习性，生长嫩绿的2~3叶期稻苗和本田返青期为成虫大量迁入期，也是病毒传播的关键时期。在稻田内，发生初期以田边虫口密度较大，随后由田边向田中扩散蔓延。黑尾叶蝉发生的最适气温为28℃左右，适宜的田间相对湿度为75%~90%。

(三) 防控措施

1. 农业防治

种植抗病品种；因地制宜，改革耕作制度，尽量避免混栽，减少桥梁田。加强肥水管理，提高稻苗健壮度，防止稻苗贪青徒长；放鸭啄食害虫。

2. 保护利用天敌

结合耕作栽培为天敌留下栖息场所，保护它们从前茬作物过渡到后茬作物，田埂种豆或留草皮，收种期间不搞"三面光"，为蜘蛛等天敌留下栖息场所。注意合理使用农药，不用对天敌杀伤力大的农药品种。

3. 物理防治

利用该虫的强趋光性，在盛发期采用灯光诱杀。

4. 化学防治

根据治虫防病的要求，治秧田保大田，治前期保后期；结合防治稻蓟马、稻纵卷叶螟等稻虫，做好总体药剂防治。

（1）两查两定。一查成虫迁飞和若虫发生情况，定防治适期。绿肥田翻耕灌水期为早稻秧田药剂防治适期；早稻成熟旺收期，为晚稻秧田防治适期。大田掌握若虫2~3龄时防治。

二查虫口密度,定防治对象田。在病毒病流行区,秧田防治指标:早稻秧田平均每平方米有成虫9头以上;双季晚稻秧田露青后,每平方米有成虫18头以上。大田防治指标:在病毒病流行区,早、晚稻大田初期(插秧后10天内),平均每丛有成虫1头以上,早稻抽穗期前后,平均每丛有成虫、若虫10~15头的为防治对象田。

(2)药剂使用。可选用25%噻嗪酮可湿性粉剂20~30克/亩、10%吡虫啉可湿性粉剂20~30克/亩、2.5%氟氯氰菊酯乳油2 000倍液、20%异丙威乳油150~200毫升/亩、25%速灭威可湿性粉剂100~200克/亩、50%抗蚜威超微可湿性粉剂3 000倍液、90%杀虫单可溶粉剂1 000倍液等喷雾防治,每亩兑水50~60升。

八、稻秆潜蝇

稻秆潜蝇属双翅目黄潜蝇科,别名稻秆蝇、稻钻心蝇、双尾虫。

(一)危害症状

稻秆潜蝇幼虫孵化后蛀入稻茎内危害心叶、生长点或幼穗。苗期受害,被害叶出现纵向长条状裂缝,抽出的新叶扭曲或枯黄。被害株较健株矮8~12厘米,形成无心苗,并有腐臭味,但单株分蘖较健株多。幼穗分化期受害,颖花退化,抽穗后穗形扭梗或畸形小颖壳,形成花白穗或雷打稻,严重时稻穗呈白色,直立不弯头,与螟害白穗相似。受其危害后,稻穗总粒数、实粒数明显减少,结实率降低,千粒重下降,常损失5%~10%,重的达20%~60%。

(二)发生规律

因稻秆潜蝇喜好阴凉且耐寒性较好,所以在高海拔地区危害相对较大,稻秆潜蝇的高发期大多在雨季,通常多雨季节更容易出现稻秆潜蝇。根据调查，由于苗期叶片营养充足且柔嫩，因此更加有利于幼蝇的吸食，苗期的被害苊率通常可达70%以上，而穗期则相对较低，约在30%。

在进行水稻种植时，山区缺少阳光照射，因此湿度相较于平地会更大，更加有利于稻秆潜蝇的生存，若同一品种的水稻同时进行山区和平地种植，山区的被害苊率会高出15%。通常水稻在沙质稻田种植时，前期发育会比较快，而水稻在黄泥稻田种植时，前期发育比较慢，因此相较于沙质稻田而言，黄泥稻田受到幼蝇危害会较轻。结合以上条件可以发现，稻秆潜蝇最容易发生在高海拔山区的多雨季节，且水稻苗期更容易出现稻秆潜蝇，因此，需要提前采取相应的防治措施，减少稻秆潜蝇的发生，保证水稻的产值达到预期目标。

（三）防控措施

1. 农业防治

越冬幼虫化蛹羽化前，及时清除田边及周边杂草，破坏该虫的越冬生存环境，可降低当年虫口基数；适当调整播种期或选择生育期适当的品种，可避开成虫产卵高峰期，如中稻地区适当选用早熟品种，使提早抽穗，可避开2代幼虫危害幼穗的危险期；选用抗虫品种；合理密植，不偏施、迟施氮肥，进行配方施肥，使水稻生长健壮。

2. 改进育秧技术

第一代稻秆潜蝇集中在早稻秧苗上产卵危害，有条件的地区可采取地膜打洞育秧方法，使早稻秧苗避开第一代稻秆潜蝇产卵高峰期，减少早稻秧苗受卵量。

3. 化学防治

采取"狠治1代、挑治2代、巧治秧田"的防治策略，因第一代幼虫危害重，发生较为整齐，盛孵期明显，利于防治。以成虫盛发期至卵孵盛期为防治适期。

(1) 防治指标。秧田期平均每百株秧苗有卵 10 粒，大田期平均每丛稻有卵 1 粒的田块；卵孵盛期后，危害株以稻苗刚展出的"破叶株"为标志，稻田期株害率在 1% 以上，大田期株害率在 3%~5%，可确定为防治田。

(2) 秧田防治。可选用 10% 吡虫啉可湿性粉剂 500~1 000 倍液浸秧根 1.5~2.0 小时，沥干后移栽；秧田每亩用 20% 三唑磷乳油 100 毫升，兑水 50 千克喷雾。

(3) 大田防治。每亩可选用 1.8% 阿维菌素乳油 12.5 毫升、20% 三唑磷乳油 100 毫升、50% 杀螟硫磷乳油 100 毫升、10% 吡虫啉可湿性粉剂 30~35 克，兑水 50~60 升喷雾，重发田块隔 5~7 天再施药 1 次。在防治稻飞虱、螟虫、稻纵卷叶螟时兼治稻秆潜蝇。

第四章 大豆重大病虫害防控技术

第一节 大豆病害及其防控

一、大豆根腐病

(一) 危害症状

大豆根腐病是大豆苗期根部真菌病害的统称。大豆在整个生长发育期均可感染根腐病，造成苗前种子腐烂，苗后幼苗猝倒和植株枯萎死亡。苗期发病影响幼苗生长甚至造成死苗，使田间保苗数减少。成株期由于根部受害，影响根瘤的生长与数量，造成地上部生长发育不良以至矮化，影响结荚数与粒重，从而导致减产。

(二) 发生规律

连阴雨后或大雨过后骤然放晴，气温迅速升高；或时晴时雨、高温闷热天气易发病。最易感病温度为 24~28℃。

(三) 防控措施

(1) 选用抗病品种。

(2) 合理轮作。因大豆根腐病主要是土壤带菌，与玉米、麻类作物轮作能有效预防大豆根腐病。

(3) 加强田间管理，及时翻耕，平整细耙，雨后及时排出积水防止湿气滞留，可减轻根腐病的发生。

(4) 化学防治。35%多·福·克悬浮种衣剂，按说明用量拌种包衣。也用70%噁霉灵可湿性粉剂1 000~2 000倍液或50%多菌灵可湿性粉剂800~1 000倍液，均匀喷雾。

二、大豆菌核病

大豆菌核病又称白毛病。

（一）危害症状

1. 初期症状

茎部发生褐色病斑，上生白色棉絮状菌丝体及白色颗粒状物。

2. 中后期症状

病株枯死后呈灰白色，茎中空皮层呈麻丝状。

（二）发生规律

田间菌核数量是该病发生严重的最重要因子，其次是环境因素。在大豆开花期土表温度高、空气湿度大、降水量大易于发病。

（三）防控措施

（1）轮作倒茬。可以通过和禾本科作物进行轮作3年以上，减少田间病菌的数量，能起到很好的预防效果。

（2）选择抗病性品种。在播种前选择抗病性较强的品种进行播种，可以大大降低感染该病害的概率。

（3）清除病残体。针对田间掉落的叶片、茎秆或是豆荚等病残体，要及时清理出田外，可以有效破坏病菌的生存空间，减少病菌的数量。但注意清除工作最好等到大豆收获后进行。

（4）注意排水。当遇到连阴雨天气，田间有积水时，要及时进行排水，尤其是低洼的地块，不能让田间长时间有积水，减少病害的发生和危害。

（5）化学防治。病害发生后，结合气候条件，加强病情调查,及时药剂防治是生产上比较有效的控制措施。大豆菌核病病菌子囊盘发生期与大豆开花期的重叠盛期是大豆菌核病的防治适期。可选择喷施40%菌核净可湿性粉剂1 000倍液、50%异菌脲可湿性粉剂1 200倍液或50%多菌灵可湿性粉剂500倍液。

三、大豆霜霉病

(一) 危害症状

大豆霜霉病,在气温冷凉地区发生普遍,多雨年份病情加重。叶部发病可造成叶片提早脱落或凋萎,种子霉烂,千粒重下降,发芽率降低。该病危害幼苗、叶片、豆荚及籽粒。最明显的症状是在叶背面有霉状物。成株期感病多发生在开花后期,多雨潮湿的年份发病重。

(二) 发生规律

最适发病温度为20~22℃。湿度也是重要的发病条件,7—8月多雨高湿易引发病害,干旱、低湿、少露则不利病害发生。

(三) 防控措施

(1) 选用抗病力较强的品种。

(2) 轮作。针对该菌卵孢子可在病茎、叶上残留在土壤中越冬,实行轮作,减少初侵染源。

(3) 选用无病种子。

(4) 种子药剂处理。播种前用种子重量0.3%的90%三乙膦酸铝或35%甲霜灵种子处理干粉剂拌种。

(5) 加强田间管理。中耕时注意铲除系统侵染的病苗,减少田间侵染源。

(6) 化学防治。25%甲霜灵可湿性粉剂1.5千克/公顷兑水喷雾。

四、大豆病毒病

(一) 危害症状

一般大豆病毒侵染大豆后,植株正常营养生长受到破坏,表现为叶片黄化、皱缩,植株矮小、茎枯,单株荚数减少甚至不结荚,籽粒出现褐斑,严重影响大豆的产量与品质。流行年份造成大豆减产25%左右,严重时减产95%。

(二) 发生规律

大豆病毒病一般都是土壤传播,很容易在重茬田地发生。病毒主要吸附在豆类作物种子上越冬,也可在越冬豆科作物上或随病株残余组织遗留在田间越冬。播种带毒种子,出苗后即可发病,生长期主要通过蚜虫、飞虱等媒介昆虫传毒,植株间汁液接触等传播。

(三) 防控措施

1. 农业防治

①种子处理。播种前严格选种,清除褐斑粒。适时播种,使大豆在蚜虫盛发期前开花。苗期拔除病苗,及时防治蚜虫,加强田间管理,培育壮苗,提高品种抗病能力。②选育推广抗病毒品种。由于大豆花叶病毒以种子传播为主,且品种间抗病能力差异较大,又由于各地花叶病毒生理小种不一,同一品种种植在不同地区其抗病性也不同,因此,应在明确该地区花叶病毒的主要生理小种基础上选育和推广抗病品种。③建立无病种子田。侵染大豆的病毒,很多是通过种子传播的,因此,种植无病毒种子是最有效的防治途径之一。建立无毒种子田要注意两点:一是种子田四周100米范围内无病毒寄主植物;二是种子田出苗后要及时清除病株,开花前再拔除一次病株,经3~4年种植即可得到无毒源种子。一级种子的种传率低于0.1%,商品种子(大田用种)种传率低于1%。④加强种子检疫管理。

我国大豆分布广泛,播种季节各不相同,形成的病毒株有差异。品种交换及种子销售均可能引入非本地病毒或非本地的病毒株系,形成各种病毒或病毒株的交互感染,从而导致多种病毒病流行。因此,种子生产及种子管理部门必须提供种传率低于1%的无毒种子,种子管理部门和检疫部门应严格把关。

2. 防治蚜虫

大豆病毒大多由蚜虫传播,大豆种子田用银膜覆盖或将银膜条间隔插在田间,起避蚜、驱蚜作用,田间发现蚜虫要及时用药剂防治。在迁飞前喷药效果最好,可选用50%抗蚜威可湿性粉剂2 000倍液,或2.5%溴氰菊酯乳油2 000~4 000倍液、2.5%高效氯氟氰菊酯乳油1 000~2 000倍液、2%阿维菌素乳油3 000倍液、3%啶虫脒乳油1 500倍液、10%吡虫啉可湿性粉剂2 500倍液等于叶面喷施防治。

3. 化学防治

在发病重的地区可在发病初期喷洒一些防治病毒病的药剂,以提高大豆植株的抗病性,如0.5%菇类蛋白多糖水剂300倍液,或1.5%植病灵Ⅱ号乳油1 000倍液、40%混合脂肪酸水乳剂100倍液、20%吗胍·乙酸铜可湿性粉剂500倍液、5%菌毒清水剂400倍液,或2%宁南霉素水剂100~150毫升/亩,兑水40~50千克喷雾防治,每隔10天喷1次,连喷2~3次。

五、大豆包囊线虫病

大豆包囊线虫病又称大豆根线虫病、萎黄线虫病,俗称火龙秧子。

(一)危害症状

在大豆整个生育期均可发生,主要危害根部。根部染病根系不发达,侧根显著减少,细根增多,不结根瘤或稀少。地上部植株矮小、子叶和真叶变黄、花芽簇生、节间短缩,开花期延迟,不能结荚或结荚少。重病株花及嫩荚枯萎、整株叶由下向上枯黄似火烧状,严重者全株枯死。

(二) 发生规律

影响大豆包囊线虫病发病的因素以温、湿度影响最明显。大豆包囊线虫发育最适温度为 17~18℃,10℃以下和 35℃以上幼虫不能发育为成虫;最适土壤湿度为 60%~80%,包囊对低温、干旱耐力强。碱性土壤最适宜线虫的生活繁殖,pH 值小于 5 时,线虫几乎不能繁殖。通气良好的砂土和砂壤土及干旱瘠薄的土壤也适于线虫的生长发育。轮作与发病程度有密切的关系。连作大豆,线虫数量迅速增加,而种植一季非寄主作物后,线虫数量便急剧下降。

(三) 防控措施

(1) 选用抗病品种。不同的大豆品种对大豆包囊线虫有不同程度的抵抗力,应用抗病品种是防治大豆包囊线虫病最经济有效措施,目前生产上已推广有抗线虫和较耐虫品种。

(2) 合理轮作。与玉米轮作,包囊量下降 30% 以上,是行之有效的农业防治措施,此外要避免连作、重茬,做到合理轮作。

(3) 搞好种子检疫,杜绝带线虫的种子进入无病区。

(4) 化学防治。可用含有杀虫剂的 35% 多·福·克大豆种衣剂拌种,然后播种。还可用 200 亿 CFU/克苏云金杆菌 HAN055 可湿性粉剂 1 500~2 500 克/亩,在播种前施于行内,湿土效果好于干土,中性土比碱性土效果好,要求用器械施,不可用手施,更不可溶于水后手沾药施。

第二节 大豆虫害及其防控

一、大豆蚜

大豆蚜是大豆的重要害虫,以成虫或若虫危害。

(一) 危害症状

集中于植株顶叶、嫩叶和嫩茎，吸食大豆嫩枝叶的汁液，造成大豆茎叶卷曲皱缩，根系发育不良，分枝结荚减少。此外还可传播病毒病。

(二) 发生规律

以成虫和若虫危害。6月下旬至7月中旬进入危害盛期。

(三) 防控措施

1. 种子包衣

可使用48%噻虫嗪悬浮种衣剂进行种子包衣，用药量为160~180毫升/100千克种子。

2. 生育期防治

根据虫情调查，在卷叶前施药。可用20%氰戊菊酯乳油2 000倍液，在蚜虫高峰前始花期均匀喷雾，喷药量为每亩20千克，或15%唑蚜威乳油2 000倍液喷雾，喷药量每亩10千克，或15%吡虫啉可湿性粉剂2 000倍液喷雾，喷药量每亩20千克。

二、点蜂缘蝽

点蜂缘蝽又叫棒蜂缘蝽、黄星蛛缘蝽、豆蛛缘蜂、细腰缘蜂，可危害大豆、花生、芝麻、蚕豆、豇豆、豌豆、丝瓜、白菜等。

(一) 危害症状

点蜂缘蝽的成虫和若虫刺吸豆类作物汁液，在豆类作物开始结实时，常导致蕾、花凋落，果荚不实或形成瘪粒。

(二) 发生规律

点蜂缘蝽1年发生3代，以成虫在枯枝落叶、残留田间的秸秆和草丛中越冬，翌年4月上旬开始活动，5月中旬至7月上旬在大豆、菜豆、豇豆等豆科作物上产卵，若虫取食大豆的茎叶和豆荚的汁液。6月下旬第一代成虫开始出现，并在大豆等豆科作物上产卵危害，第二代成虫在7月下旬开始羽化，8月下旬至9月上旬盛发，此时大量在大豆田中危害，第三代于10月上旬至11月中旬羽化为成虫，并陆续进入越冬状态。点蜂缘蝽羽化后的成虫需取食大豆的花蕾和荚的汁液才能使卵正常发育及繁殖。卵多散产于叶背、嫩茎和叶柄上。雌虫每次产卵7~21粒，一生可产卵12~49粒。成虫、若虫极活泼，善于飞翔，反应敏捷，早晚温度低时反应稍迟钝。

（三）防控措施

1. 农业防治

农业防治主要是控制虫源基数。一是清除田间及周围的杂草、残枝落叶，压低越冬虫源基数。二是及时铲除田间及周围早花早实的野生杂草，避免其成为点蜂缘蝽的早春过渡寄主，减少部分虫源。

2. 生物防治

保护利用自然天敌。捕食性天敌有球腹蛛、长螳螂和蜻蜓，以及寄生性天敌黑卵蜂等，对控制点蜂缘蝽的发生危害具有重要作用。

3. 化学防治

在大豆的现蕾、开花和结荚初期，用50%氟啶虫胺腈水分散粒剂10克兑水45千克/亩，茎叶均匀喷雾；或用10%的氟氯噻虫啉兑水1 500倍液均匀喷雾；种群密度大时，可考虑结合其他触杀性药剂进行防治。成虫期于早晨或傍晚害虫活动较迟钝时用药效果较好。由于点蜂缘蝽生活周期较短，1年可繁殖3代，且成虫和若虫均可危害，因此，为确保防治效果，在大豆开花盛期和鼓粒前期，可根据具体情况再喷施1~2次。

三、大豆食心虫

大豆食心虫俗称小红虫。

(一) 危害症状

以幼虫蛀入豆荚咬食豆粒为主。

(二) 发生规律

每年发生1代,以老熟幼虫在地下结茧越冬。翌年7月中下旬向土表移动化蛹,成虫在8月羽化,幼虫孵化后蛀入豆荚危害。7—8月降水量较大、湿度大,虫害易于发生。连作大豆田虫害较重。大豆结荚盛期如与成虫产卵盛期相吻合,受害严重。

(三) 防控措施

(1) 选用抗虫品种。

(2) 合理轮作,秋天深翻地。

(3) 化学防治。施药关键期在成虫产卵盛期的3~5天后。可喷施阿维菌素、灭幼脲、敌百虫、氯氰菊酯、高效氯氟氰菊酯、溴氰菊酯等,在常规浓度范围内均有较好防治效果。在食心虫发蛾盛期,用80%敌敌畏乳油制成毒秆熏蒸,每亩用药100克,或用25%溴氰菊酯乳油,每亩用量20~30毫升,加水30~40千克喷施进行防治,效果好。

四、斜纹夜蛾

(一) 危害症状

幼虫将叶食成缺刻或孔洞,严重的把叶片吃光。也危害豆类的茎和荚。

(二) 发生规律

该虫在豆田多把卵产在中上部叶背面。1龄幼虫群集豆叶背面啃食，仅留上表皮，受害叶枯黄，2龄后分散，在叶背危害，5龄后进入暴食期，食物缺乏时，可成群迁至附近田里危害。

（三）防控措施

（1）诱杀成虫。结合防治其他菜虫，可采用黑光灯或糖醋盆等诱杀成虫。

（2）化学防治。3龄前为点片发生阶段，可结合田间管理，进行挑治，不必全田喷药。4龄后夜出活动，因此施药应在傍晚前后进行。药剂可选用20%甲氰菊酯乳油3 000倍液、5.7%氟氯氰菊酯乳油4 000倍液、10%吡虫啉可湿性粉剂2 500倍液、5%氯氰菊酯乳油2 000倍液、5%啶虫隆乳油2 000倍液、20%虫酰肼胶悬剂2 000倍液、4.5%高效氯氰菊酯乳油3 000倍液等，10天喷1次，连用2~3次。

五、草地螟

（一）危害特征

初孵幼虫取食叶肉，残留表皮，长大后可将叶片吃成缺刻或仅留叶脉，使叶片呈网状。大暴发时，也危害花和幼荚。

（二）发生规律

一般春季低温多雨不易发生，如在越冬代成虫羽化盛期气温较常年高，则有利于发生。孕卵期间如遇环境湿度干燥，又不能吸食到适当水分，产卵量减少或不产卵。

（三）防控措施

（1）应及时清除田间杂草，可消灭部分虫源，秋耕或冬耕还可消灭部分在土壤中越冬的老熟幼虫。

（2）在幼虫危害期喷洒50%辛硫磷乳油1 500倍液或2.5%高效氟氯氰菊酯乳油2 000倍液。

六、蛴螬

（一）危害症状

蛴螬以幼虫危害为主，幼虫取食地下部分，包括根部、茎的地下部分以及萌动的种子，可以咬断茎根，断口整齐平截，吃光种子，造成幼苗死亡或种子不能萌发，以致形成缺苗断垄。成虫可取食叶片，严重时也可以将叶片吃光。

（二）发生规律

蛴螬生活史较长，在我国完成一代的时间一般为1~2年。以幼虫和成虫越冬。蛴螬有假死和趋光性，并对未腐熟的粪肥有趋性。白天藏在土中，16:00—17:00进行取食等活动。蛴螬始终在地下活动，与土壤温湿度关系密切。当10厘米土温达5℃时开始上升土表，13~18℃时活动较盛，23℃以上则往深土中移动，至秋季土温下降到其活动适宜范围时，再移向土壤上层。因此蛴螬对果园苗圃、幼苗及其他作物的危害主要是春秋两季。土壤潮湿活动加强，尤其是连续阴雨天气，春、秋季在表土层活动，夏季时多在清晨和夜间到表土层。

（三）防控措施

1. 农业防治

可在低龄幼虫发生期灌水，淹死幼虫；与水稻轮作，降低大豆田虫口密度。成虫发生盛期，在成虫喜欢取食的树木，如杨树、榆树上捕杀成虫。翻耕整地，压低越冬虫量；合理施肥，增强作物的抗虫能力。消除地边、荒坡、沟旁、田埂等荒芜状态，破坏成虫的适宜生活场所。

2. 种衣剂拌种

大豆种衣剂与种子按1:60比例拌匀后播种。也可用50%辛硫磷乳油拌种，用药量为种子重量的0.25%，拌匀后闷种4

小时，阴干后播种。

3. 生物防治

用活孢子含量为 50 亿个/克的乳状菌粉，用量为每亩 200 克，播前与基肥同时施用，或苗后于苗眼施用，施后应及时覆土。

4. 化学防治

可在 7 月中下旬每亩用 5% 辛硫磷颗粒剂 2.5 千克，加细土 15 千克，配成毒土或颗粒顺垄撒于大豆基部，结合中耕锄地，使药剂进入土中。在成虫发生盛期用 50% 马拉硫磷乳油 1 000 倍液，喷洒豆田旁的杨树、榆树，地下害虫地上治，这样防治效果很显著。

在苗期也可采用药剂灌根：苗后幼虫危害大豆地块，可选用 90% 敌百虫原药，或 80% 敌敌畏乳油稀释 1 000 倍液灌根。

第五章 玉米重大病虫害防控技术

第一节 玉米病害及其防控

一、玉米锈病

玉米锈病包括普通锈病、南方锈病、热带锈病和秆锈病4种。在我国以普通锈病分布最广,南方锈病在局部地区发生。普通锈病病原为高粱柄锈菌;南方锈病病原为多堆柄锈菌。玉米锈病常在玉米生长后期发病,个别地区或个别年份发病严重,造成植株早枯,籽粒不饱满而减产。

(一)危害症状

玉米锈病从幼苗期到成株期均可发病而造成较大的损失,以抽雄期、灌浆期发病重,随后发病逐渐降低。该病主要危害叶片、叶鞘,严重时也可侵染果穗、苞叶乃至雄花。初期仅在叶片两面散生浅黄色长形或卵形褐色小脓疱,后小脓疱破裂,散出铁锈色粉状物,即病菌夏孢子;后期病斑上生出黑色近圆形或长圆形突起,开裂后露出黑褐色冬孢子,长1~2毫米。

(二)发生规律

锈菌是专性寄生菌,只能在寄主上存活,脱离寄主后,很快死亡。在自然条件下,玉米锈病病原菌的转主寄主是酢浆草。玉米上产生的冬孢子越冬后萌发,产生担孢子,担孢子侵染酢浆草,在酢浆草上相继产生性孢子和锈孢子。锈孢子侵染玉米,玉米发病后产生夏孢子堆和夏孢子。夏孢子释放后，随气流扩散传播，继续侵染玉米。在整个生长季节，可发生数次至十余次再侵染，酿成锈病流行。至玉米生长季末期，在玉米上又产生冬孢子，开始越冬。在栽培条件下，病原菌以夏孢子侵染不同地区、不同茬口的玉米，完成周年循环，转主寄主不起作用。在南方，终年有玉米生长，锈病可以在各茬玉米之间接续侵染，辗转危害。北方玉米发病的初侵染菌源来自南方，是随高空气流远距离传播的夏孢子。温度适中、多雨高湿的天气适于普通锈病发生，气温在16~23℃，相对湿度在100%时发病重。对普通锈病感病的品种较多，如丹玉13、铁单8号、掖单2号、掖单4号、掖单12、掖单13、西玉3号和沈单7号等。但抗病性多是小种专化的，锈菌小种区系改变，品种抗病性也随之变化。

（三）防控措施

1. 农业防治

选用抗病、耐病优良品种；施用酵素菌沤制的堆肥、充分腐熟的有机肥，采用配方施肥，增施磷、钾肥，避免偏施、过施氮肥，以提高植株的抗病性；加强田间管理，清除酢浆草和玉米病残体并集中深埋或烧毁，以减少该病菌侵染源。

2. 化学防治

在锈病发病初期及时选用40%多·硫悬浮剂600倍液、50%硫黄悬浮剂300倍液、97%敌锈钠原药250~300倍液、12.5%烯唑醇可湿性粉剂4 000~5 000倍液、25%三唑酮可湿性粉剂1 000~1 500倍液或50%多菌灵可湿性粉剂500~1 000倍液，每隔10天左右叶面喷洒1次，连续防治2~3次效果更佳。

二、玉米大斑病

玉米大斑病在我国分布广，主要发生在气候较凉爽的玉米种植区，以东北、华北北部、西北、西南及其他海拔较高的地区发生严重。一般年份可造成减产 5% 左右；严重年份，感病品种的损失在 20% 以上。

（一）危害症状

玉米大斑病病原为玉米大斑突脐蠕孢菌。该菌主要危害叶片，严重时也可危害叶鞘、苞叶和籽粒。一般从下部叶片开始发病，逐渐向上扩展。苗期很少发病，拔节期后病斑开始出现，抽雄后发病加重。发病部位最先出现水渍状小斑点，然后沿叶脉迅速扩大，形成梭形大斑，病斑中间颜色较浅，边缘较深，一般长 5~20 厘米、宽 1~3 厘米；严重发病时，多个病斑连片，导致叶片枯死，枯死部位腐烂。在叶鞘和苞叶上，可生成长形或不规则形暗褐色斑块，其表面产生灰黑色霉层。

（二）发生规律

玉米大斑病病菌主要以菌丝体随散落田间的病残体越冬，春季在病残体上产生分生孢子，由风雨传播，落到玉米叶片上，产生初侵染。我国东北、西北、华北北部和南方山区春玉米区病害发生较重。大斑病病菌分生孢子萌发和侵入的适温范围为 20~27℃，最适温度为 23℃，在 3℃ 以下和 35℃ 以上基本不能侵入。病斑上产生孢子的适宜温度为 20~26℃，在 5℃ 以下和 35℃ 以上基本不产生孢子。无论孢子产生还是孢子萌发，都需要 90% 以上的湿度或叶面有露水。在北方春玉米产区，6—7 月的降水量是影响大斑病发病程度的关键因素。例如，吉林省若 6—7 月的雨量都超过 80 毫米，雨日较多，加之 8 月雨量适中，则为重病年。若这两个月的雨量和雨日都少，尤其 7 月的雨量低至 40 毫米以下，那么即使 8 月雨量适中，仍为轻病年。玉米连茬地和靠近村庄的地块，越冬菌源量多，初侵染发生得早而多，再侵染频繁，发病率较高。若肥水管理不良，玉米植株生育后期脱肥，则抗病性降低，发病加重。

(三) 防控措施

1. 农业防治

以推广利用抗病、耐病品种,加强田间肥水管理,合理密植为主;及时消除田间残茬、病株,及早焚烧或深埋,降低越冬病源基数,减少翌年该病害发生的初侵染源;加强田间管理,培育壮苗,提高植株抗病能力;合理密植,增施有机肥,合理浇水和排出雨后积水,及时中耕除草,创造不利于病害发生的环境条件。

2. 种子处理

用烯唑醇、福美双拌种或包衣。

3. 化学防治

当发现叶片上有病斑时,可用65%代森锌可湿性粉剂或50%多菌灵可湿性粉剂等抗菌类药剂防治。

三、玉米小斑病

玉米小斑病是玉米生产中的重要病害之一,广泛分布在我国各玉米产区,以夏收玉米种植区发生最多。

(一) 危害症状

玉米小斑病从幼苗期到成株期均可发病而造成损失,以抽雄期、灌浆期发病重,随后发病逐渐降低。该病主要危害叶片,也危害叶鞘和苞叶。与玉米大斑病相比,叶片上的病斑明显小,但数量多。病斑初为水浸状,后变为黄褐色或红褐色,边缘颜色较深,一般大小为(5~10)毫米×(3~4)毫米。病斑密集时互相连接成片,形成大型枯斑,多从植株下部叶片先发病,向上蔓延、扩展。

叶片病斑形状因品种抗性不同,有3种类型。

(1) 不规则椭圆形病斑,或受叶脉限制表现为近长方形,有较明显的紫褐色或深褐色边缘。

（2）椭圆形或纺锤形病斑，扩展不受叶脉限制，病斑较大，呈灰褐色或黄褐色，无明显深色边缘，病斑上有时出现轮纹。

（3）黄褐色坏死小斑点，基本不扩大，周围有明显的黄绿色晕圈，此为抗性病斑。

（二）发生规律

玉米小斑病病原为玉米离蠕孢菌。该菌主要以菌丝体在病残体上越冬，其次是在带病种子上越冬。在适宜温度、湿度条件下，越冬菌源产生分生孢子，随气流传播到玉米植株上，在叶面有水膜的条件下萌发侵入，遇到适宜发病的温度、湿度条件，经5~7天即可重新产生分生孢子进行再侵染，造成病害流行。在田间，最初在植株下部叶片发病，然后向周围植株水平扩展、传播扩散，病株达到一定数量后，向植株上部叶片扩展。该病病菌产生分生孢子的适宜温度为 23.0~25.0℃，适于田间发病的日均温度为 25.7~28.3℃。7—8月，如果月均温度在25℃以上，雨日雨量多、露日露量多的年份和地区，或结露时间长，田间相对湿度高，则发生重。该病菌对氮肥敏感，拔节期肥力低、植株生长不良，发病早且重；连茬种植、施肥不足，特别是抽雄后脱肥、地势低洼、排水不良、土质黏重、播种过迟等，均利于该病发生。

（三）防控措施

1. 农业防治

选择抗病、耐病品种，加强田间管理，消除越冬病源，做好秸秆还田、病株病叶残体焚烧或深埋，减少病原菌，降低初侵染病源。要合理密植，增施有机肥，合理浇水、排水，及时中耕除草，促使玉米生长健壮，提高抗病力。

2. 化学防治

做好种子处理：用烯唑醇、福美双包衣剂进行种子包衣，或者用多菌灵、辛硫磷、三唑酮、代森锰锌按种子重量的0.4%拌种。当发现叶片上有病斑时，选用65%代森锌可湿性粉剂、50%多菌灵可湿性粉剂或70%甲基硫菌灵可湿性粉剂等抗菌类药剂500~800倍液喷雾防治，每5~7天防治1次，连喷2~3次，可有效控制小斑病。

四、玉米灰斑病

玉米灰斑病是真菌性病害，又称尾孢叶斑病、玉米霉斑病，除侵染玉米外，还可侵染高粱、香茅、须芒草等多种禾本科植物。玉米灰斑病是近年上升很快、危害较严重的病害之一。

（一）危害症状

玉米灰斑病主要危害玉米叶片，也侵染叶鞘和苞叶。发病初期在叶脉间形成圆形、卵圆形褪绿斑，扩展后成为黄褐色至灰褐色的近矩形、矩形条斑，局限于叶脉之间，与叶脉平行。成熟的矩形病斑中央灰色，边缘褐色，长5~20毫米、宽2~3毫米。高湿时病斑两面生灰色霉层，背面尤其明显，此时病斑灰黑色，不透明。病斑可相互连接，形成大斑块，造成叶枯。苞叶上易出现纺锤形或不规则形大病斑，病斑上有灰黑色霉层。

（二）发生规律

玉米灰斑病病菌主要随玉米病残体越冬。在干燥条件下保存的玉米病残体中，病原菌的菌丝体、分生孢子梗、分生孢子和子座都能顺利越冬。在潮湿条件下，病原菌只能在田间地表的病残体中越冬，但至翌年5月初已基本丧失生活力。在埋于土壤的病残体中，病原菌不能越冬存活。玉米种子也能带菌传病。越冬病原菌在适宜条件下产生分生孢子，分生孢子随气流和雨滴飞溅而传播。落在玉米叶片上时，若叶片上有水膜，分生孢子便萌发，产生芽管和侵入菌丝，从叶片气孔侵入。玉米发病后，病斑上又产生分生孢子梗和分生孢子，分生孢子随风雨传播后进行再侵染。在一个生长季节中，可发生多次再侵染。许多栽培因子也会影响灰斑病的发生。在北方地区，早播发病较重，晚播发病较轻；岗地发病较轻，平地和洼地发病较重。土壤质地对玉米灰斑病也有影响，一般壤土发病较轻，砂土和黏土发病都较重。增施肥料能不同程度地减轻病害，而施用氮肥少、植株生长后期脱肥的地块发病较重。免耕或少耕的田块，病残体积累多，发病也较重。间种比清种玉米发病轻。

（三）防控措施

1. 农业防治

收获后及时清除病残体，减少病源数量；选用抗病、耐病品种，进行大面积轮作、间作；加强田间管理，雨后及时排水，防止地表积水滞留使土壤湿度过大。

2. 化学防治

发病初期选用75%百菌清可湿性粉剂500倍液、50%多菌灵可湿性粉剂600倍液、30%敌瘟磷乳油800～900倍液、50%苯菌灵可湿性粉剂1 500倍液、25%苯菌灵乳油800倍液或20%三唑酮乳油1 000倍液，每隔7天喷洒1次，交替用药连续喷2～3次效果更好。

五、玉米褐斑病

玉米褐斑病在我国发生十分普遍，由于病害主要发生在玉米生长中后期，一般对产量影响不显著。但在一些感病品种上，常导致玉米生长前期病叶快速干枯，引起产量损失。

（一）危害症状

玉米褐斑病一般从下部叶片开始发病，逐渐向上扩展蔓延。玉米褐斑病从幼苗期到成株期均可发病而造成较大的损失，以抽雄期、灌浆期发病重，随后发病逐渐降低。该病是真菌性病害，病菌主要危害叶片、叶鞘，病斑主要集中在叶片或叶鞘上，病斑初期呈黄色水渍状小斑点,后变为黄褐色或红褐色梭形小斑,病斑中间颜色较浅,边缘色较深。后期病斑破裂,散出黄色粉状物,并形成黑褐色斑点。发病严重时,多个病斑连片,叶片病斑部位干枯,影响叶片光合效率,容易养分不足造成籽粒干瘪。

(二)发生规律

玉米褐斑病病菌以休眠孢子囊在土壤或病残体中越冬。翌年休眠孢子囊随风雨传播,萌发产生游动孢子,游动孢子萌发产生侵入丝,侵入玉米幼嫩组织。玉米多在喇叭口期始见发病,抽穗至乳熟期症状更加明显。

病原菌的休眠孢子囊萌发需要水滴和较高的温度(23~30℃)。高温、高湿、长时间降雨适于发病。南方发病较重;北方夏玉米栽培区若6月中旬至7月上旬降雨多、湿度高,发病相应增多。

实行玉米秸秆直接还田后,田间地面散布较多病残体,侵染菌源增多,发病趋重。植株密度高的田块,地力贫瘠、施肥不足、植株生长不良的田块,发病都较重。

玉米自交系和杂交种间抗病性有明显差异。黄淮海夏玉米区大面积种植的郑单958、鲁单981等杂交种高度感病。据调查,自交系黄早4、掖478、塘四平头、改良瑞德系等高度感病,用感病自交系组配的杂交种也感病。高感病品种连作,土壤中菌量逐年增加,就会导致褐斑病的流行。

(三)防控措施

1. 农业防治

清洁田间病残体,在玉米收获后彻底清除病残体组织,重病地块不宜进行秸秆直接还田,如需还田应充分粉碎,并深翻土壤;增施磷、钾肥,施足底肥,适时追肥,施用充分腐熟的有机肥,注意氮、磷、钾肥搭配;田间发现病株,应立即治疗或拔除；选用抗病、耐病品种。

2. 化学防治

在玉米 4~5 叶期或发病初期，选用 15%三唑酮可湿性粉剂 1 000 倍液喷雾，或用 12.5%烯唑醇可湿性粉剂 1 000 倍液喷雾。为了提高植株抗性，可结合喷药，在药液中适当加些叶面宝、磷酸二氢钾、尿素等，一般间隔 10~15 天交替用药再喷 1 次，连喷 2~3 次效果更佳。

六、玉米弯孢菌叶斑病

玉米弯孢菌叶斑病，又名玉米弯孢霉叶斑病，病原为新月弯孢菌。该病在我国各玉米产区均有发生，已成为东北、黄淮海等地区的主要病害之一。主要发生在玉米生长中后期，发病严重时造成叶片枯死，导致产量损失，重病田可减产 30%以上。

（一）危害症状

玉米弯孢菌叶斑病主要危害叶片、叶鞘、苞叶。初生褪绿小斑点，逐渐扩展为圆形至椭圆形褪绿透明斑，中间枯白色至黄褐色，边缘暗褐色，四周有浅黄色晕圈，一般为（0.5~4.0）毫米×（0.5~2.0）毫米，大的可达 7 毫米×3 毫米。湿度大时，病斑正背两面均可见灰色分生孢子梗和分生孢子。该病症状变异较大：在有些自交系和杂交种的抗病类型上只有一些白色或褐色小斑点；在感病品种上病斑常连接成片。引起叶片枯死，感病品种病斑外缘具褪绿色或淡黄色晕环。

（二）发生规律

玉米弯孢菌叶斑病病菌以菌丝体或分生孢子在病残体上越冬，遗落于田间的病叶和秸秆上，是主要的初侵染源。病菌分生孢子最适宜萌发温度为 30~32℃，最适宜的湿度为饱和湿度，相对湿度低于 90%则很少萌发或不萌发。不同品种之间病情差别较大。玉米苗期对该病的抗性高于成株期，苗期少见发生；

9~13叶期易感染该病,抽雄穗后是该病的发生流行高峰期。7—8月温度、相对湿度、降水量、连续降雨日数与该病发生时期、发生危害程度密切相关。高温、高湿、连续降水,利于该病的快速流行。玉米种植过密、偏施氮肥、管理粗放、地势低洼积水和连作的地块发病重。

(三)防控措施

1. 农业防治

感病植株病残体上的病菌在干燥条件下可安全越冬,在翌年玉米生长前期形成初侵染菌源,轮作换茬和清除田间病残体是有效防治和减少发病的基本措施;还可选用抗病、耐病品种。

2. 化学防治

在发病初期,田间发病率为10%时喷药防治,有效药剂有甲基硫菌灵、多菌灵等,提倡选用50%腐霉利可湿性粉剂2 000倍液。施药方法应掌握在玉米大喇叭口期灌心,效果较喷雾法好,且容易操作。气候条件适宜发病时,1周后防治第二遍,连续防治2~3次效果更佳。

七、玉米青枯病

(一)危害症状

玉米青枯病又称玉米茎基腐病或茎腐病,是世界性的玉米病害,在我国近年来才有严重发生。该病一般在玉米中后期发病,常见的在玉米灌浆期开始发病,乳熟末期到蜡熟期为高峰期,属一种暴发性、毁灭性病害,特别是在多雨寡照、高湿高温气候条件下容易流行,严重者减产50%左右,发病早的甚至导致绝收。感病后最初植株表现萎蔫,以后叶片自下而上迅速失水枯萎,叶片呈青灰色或黄色逐渐干枯,表现为青枯或黄枯。

病株雌穗下垂,穗柄柔韧,不易剥落,籽粒瘦瘪,无光泽且脱粒困难。茎基部 1~2 节呈褐色、失水皱缩、变软，髓部中空，或茎基部 2~4 节有呈梭形或椭圆形水浸状病斑，绕茎秆逐渐扩大，变褐腐烂，易倒伏。根系发育不良，侧根少，根部呈褐色腐烂，根皮易脱落，病株易拔起。根部和茎部有白色絮状物或紫红色霉状物。

（二）发生规律

引起青枯病的病原菌种很多，在我国主要为镰刀菌和腐霉菌。镰刀菌以分生孢子或菌丝体、腐霉菌以卵孢子在病残体内外及土壤内存活越冬，带病种子是翌年的主要侵染源。病菌借风雨、灌溉、机械、昆虫携带传播，通过根部或根茎部的伤口侵入，或直接侵入玉米根系或植株近地表组织并进入茎节，导致营养和水分输送受阻，叶片青枯或黄枯、茎基缢缩、雌穗倒挂、整株枯死。种子带菌可以引起苗枯。

玉米籽粒灌浆和乳熟阶段遇较强的降水、雨后暴晴、土壤湿度大、气温剧升，往往导致该病暴发成灾。雌穗吐丝期至成熟期，降水多、湿度大，发病重；沙土地、土地瘠薄、排灌条件差、玉米生长弱的田块发病较重；连作、早播发病重。玉米品种间抗病性存在明显差异。

（三）防控措施

1. 农业防治

选用抗病、耐病品种。发病初期及时消除病残体，并集中烧毁；收获后深翻土壤，也可减少和控制侵染源。玉米生长后期结合中耕、培土，增强根系吸收能力和通透性，雨后及时排出田间积水。合理施用硫酸锌、硫酸钾、氯化钾，可降低发病率。

2. 种子处理

用种衣剂包衣，建议选用咯菌·精甲霜悬浮种衣剂包衣种子，能有效杀死种子表面及播种后种子附近土壤中的病菌。

3. 化学防治

（1）种子处理。每10千克种子用2.5%咯菌腈悬浮种衣剂10~20克，或20%福·克悬浮种衣剂20~40克，或3.5%咯菌·精甲霜悬浮种衣剂10~15克，进行种子包衣。

（2）苗期喷雾处理。苗期可在8~10叶期用10%苯醚甲环唑水分散粒剂2 000倍液，或430克/升戊唑醇水悬浮剂3 000倍液喷雾。重点是茎基部及周围土壤，一定要喷匀喷透。

（3）抽雄期至成熟期喷雾处理。玉米抽雄期至成熟期是防治该病的关键时期，病害发生初期可以用50%多菌灵可湿性粉剂600倍液+25%甲霜灵可湿性粉剂500倍液，或70%甲基硫菌灵可湿性粉剂800倍液+40%三乙膦酸铝可湿性粉剂300倍液+65%代森锌可湿性粉剂600倍液淋根基，间隔7~10天喷1次，连喷2~3次。

第二节　玉米虫害及其防控

一、草地贪夜蛾

草地贪夜蛾属鳞翅目夜蛾科，俗称秋黏虫，它的适生范围广，除了玉米，还会寄生于甘蔗、高粱、谷子上，甚至在一些杂草上也能生存。2023年，草地贪夜蛾被农业农村部列入我国《一类农作物病虫害名录（2023）》。

（一）危害症状

在玉米上，1~3龄幼虫通常隐藏在心叶、叶鞘等部位取食，形成半透明薄膜状"窗孔"；低龄幼虫还会吐丝，借助风扩散转移到周边的植株上继续危害；4~6龄幼虫对玉米的危害更为严重，取食叶片后形成不规则的长形孔洞，可将整株玉米的叶片取食光，也会钻蛀心叶、未抽出的雄穗及幼嫩雌穗，影响叶片和果穗的正常发育。苗期严重被害时生长点被破坏，形成枯心苗。

(二) 发生规律

草地贪夜蛾无滞育现象，适宜发育温度为 11~30℃，在 28℃条件下，30 天左右即可完成 1 个世代。雌虫、雄虫均可多次交配，单头雌虫可产卵 10 块以上，卵量约 1 500 粒。

(三) 防控措施

1. 生态调控技术

充分利用生物多样性和生态调控措施。科学选择种植抗耐虫品种，或在田边分批种植甜糯玉米诱虫带集中歼灭。

2. 种子处理技术

选择含有氯虫苯甲酰胺、溴酰·噻虫嗪等成分的种衣剂实施种子包衣或药剂拌种，防治苗期草地贪夜蛾。

3. 理化诱杀技术

在成虫发生高峰期，采取高空杀虫灯、性诱捕器以及食诱剂等理化诱控措施，诱杀成虫，干扰交配，减少田间落卵量。在集中连片种植区，按照每亩设置 1 个诱捕器的标准全生育期应用性诱剂诱杀成虫。随着作物生长，应注意调节诱捕器高度，根据诱芯持效期及时更换诱芯，确保诱杀效果。

4. 生物防治

作物全生育期注意保护利用夜蛾黑卵蜂等寄生性天敌和益蝽等捕食性天敌，在草地贪夜蛾卵期积极开展人工释放夜蛾黑卵蜂、螟黄赤眼蜂等天敌控害技术。抓住低龄幼虫期，选用苏云金杆菌、核型多角体病毒、金龟子绿僵菌、球孢白僵菌、印楝素等生物农药喷施或洒施，持续控制草地贪夜蛾种群数量。

5. 科学用药

以保苗、保心叶、保穗为重点，卵、虫兼治，对虫口密度高、集中连片发生区域,抓住产卵高峰期和低龄幼虫期实施统防统治和联防联控;对分散发生区实施重点挑治和点杀点治。可选用氯虫苯甲酰胺、乙基多杀菌素、虱螨脲和甲氨基阿维菌素苯甲酸盐等,注重农药的交替使用、轮换使用、安全使用,合理搭配助剂提高防控效果。

二、玉米螟

(一)危害症状

玉米螟是世界性玉米主要害虫,广泛分布于全国各玉米种植区,严重降低了玉米的产量和品质,大发生时使玉米减产30%以上。除玉米外,该虫还寄生于高粱、谷子、水稻、大豆、棉花等多种农作物。

玉米螟是钻蛀性害虫,幼虫钻蛀取食心叶、茎秆、雄穗和雌穗。幼虫蛀穿未展开的嫩叶、心叶,使展开的叶片出现一排排小孔。

幼虫可蛀入茎秆,取食髓部,影响养分输导,受害植株籽粒不饱满,被蛀茎秆易被大风吹折。幼虫钻入雄花序,使之从基部折断。幼虫还取食雌穗的花丝和嫩苞叶,并蛀入雌穗,食害幼嫩籽粒,造成严重减产。玉米螟蛀孔处常有锯末状虫粪。

(二)发生规律

因各地气候条件不同,玉米螟1年发生1~7代不等,均以末代老熟幼虫在作物的茎秆、穗轴或根茬内越冬,也有的在杂草茎秆中越冬。玉米秸秆中越冬虫量最大,穗轴中次之。翌年春季越冬幼虫陆续化蛹、羽化。成虫飞翔能力强,有趋光性,白天潜伏在作物或杂草丛中,夜间活动和交配。雌蛾在株高50厘米以上将要抽雄的植株上产卵,卵多产在叶背面中脉两侧,少数产在茎秆上。每只雌蛾产卵10~20块,每个卵块有卵20~50粒不等。产卵期7~10天。幼虫有5个龄期,3龄以前潜藏,

4龄以后钻蛀危害。幼虫具有趋湿、趋糖、避光等特性。孵化后选择诸如心叶、茎秆、花丝、穗苞等湿度较高、含糖量较高且便于隐藏的部位定居。老熟后在危害部位附近化蛹。

在我国北方，1代卵产于春播玉米心叶期，幼虫孵化后先取食卵壳，然后爬行分散，也能吐丝下垂，随风飘落到邻近植株上，取食未展开的嫩叶。以后又相继取食雄穗穗苞和下移蛀茎。2代螟卵一般产在玉米花丝盛期，幼虫大量侵入花丝丛取食，4~5龄后取食雌穗籽粒，钻入穗轴，蛀入雌穗柄或下部茎秆。1代玉米螟危害最重，冬前虫量大，越冬成活率高，常造成1代严重发生。近年来有些地方2代玉米螟的危害已重于1代。玉米螟各代发生期不整齐，有世代重叠现象。

玉米螟的发生量与越冬基数、气象条件、天敌数量、栽培管理等诸因素密切相关。玉米螟发生的适宜温度为15~30℃，相对湿度为60%以上。在旬均温20℃以上、降水较多、旬平均相对湿度70%左右的条件下，玉米螟盛发。北方春播改夏播的地区，春播玉米面积缩小，1代玉米螟缺乏适宜寄主，虫害发生量减少，从而显著减轻了夏播作物上2代、3代玉米螟的危害。

（三）防控措施

应采取以生物防治为主导、化学和物理防治为补充的绿色防控治理策略，根据不同生态区玉米螟的发生特点，集成防控关键技术。

1. 农业防治

要积极选育或引进抗螟高产品种。在秋收之后至冬季越冬代化蛹前，把主要越冬寄主作物的秸秆、根茬、穗轴等，采用焚烧、机械粉碎、饲用或封垛等多种办法处理，以消灭越冬虫源。要因地制宜地实行耕作改制，在夏玉米2~3代玉米螟发生区，要酌情减少玉米、高粱、谷子的春播面积，以减轻夏玉米受害。可设置早播诱虫田或诱虫带，种植早播玉米或谷子，诱集玉米螟成虫产卵,然后集中消灭。在严重危害地区,还可在玉米打苞抽雄期,隔行人工去除 2/3 的雄穗,带出田外烧毁或深埋,消灭危害雄穗的幼虫。

2. 诱集成虫

设置黑光灯和频振式杀虫灯诱杀越冬代成虫,阻断产卵。还可在越冬代成虫羽化初期开始使用性诱剂诱杀。

3. 化学防治

防治春玉米 1 代幼虫和夏玉米 2 代幼虫,可在心叶末期喇叭口内施用颗粒剂。1% 或 1.5% 辛硫磷颗粒剂,每亩用药 1~2 千克,使用时加 5 倍细土或细河沙混匀,撒入喇叭口;0.3% 辛硫磷颗粒剂,每株用药 2 克,施入喇叭口内;1% 或 2% 高效氯氰菊酯颗粒剂,拌 10~15 倍煤渣颗粒施用,每株用药 1.5 克;15% 毒死蜱颗粒剂,每株用药 1~2 克。

也可用 80% 敌百虫可溶性粉剂 1 000~1 500 倍液、50% 敌敌畏乳油 1 000 倍液等灌心叶(每株用药液 10 毫升)。在玉米螟卵孵化盛期,还可喷施 24% 甲氧虫酰肼悬浮剂,防治 1 代玉米螟,每亩用药 25 毫升,兑水 25 升喷雾,但要将药液喷在玉米喇叭口内。穗期玉米螟的防治,可在玉米抽丝 60% 时,用上述有机磷或菊酯类颗粒剂撒在雌穗着生节的叶腋,以及其上两叶、其下一叶的叶腋和穗顶花丝上。

三、黏虫

(一) 危害症状

黏虫是农作物的主要害虫之一,具有多食性和暴食性,主要为害玉米、高粱、谷子、麦类、水稻、甘蔗等禾本科作物和杂草,大发生时也危害棉花、麻类、烟草、甜菜、苜蓿、豆类、向日葵及其他作物。

黏虫是食叶性害虫,1~2 龄幼虫聚集危害,在心叶或叶鞘中取食，啃食叶肉残留表皮，造成半透明的小条斑。3龄后幼虫食量大增，开始啃食叶片边缘，咬成不规则缺刻。5~6龄幼虫为暴食阶段，可将叶肉吃光，仅剩主脉。黏虫可使玉米果穗秃尖、籽粒干瘪，造成减产或绝收。

（二）发生规律

玉米黏虫1年发生世代数全国各地不一，东北、内蒙古1年发生2~3代，华北中南部3~4代，江苏淮河流域4~5代，长江流域5~6代，华南6~8代。海拔1 000米左右高原地区1年发生3代，海拔2 000米左右高原地区则发生2代，各地由于地势不同，世代数亦有一些变化。

玉米黏虫属迁飞性害虫，其越冬分界线在北纬33°一带，在北纬33°以北地区任何虫态均不能越冬。在江西、浙江一带，以幼虫和蛹在稻桩、田埂杂草、绿肥田、麦田表土下等处越冬。在广东、福建南部终年繁殖，无越冬现象。北方春季出现的大量成虫是由南方迁飞所至。

（三）防控措施

1. 人工诱虫、杀虫

从成虫羽化初期开始，在田间设置糖醋液诱虫盆，诱杀尚未产卵的成虫。糖醋液配比为红糖3份、白酒1份、食醋4份、水2份，加90%晶体敌百虫少许，调匀即可。配制时先称出红糖和敌百虫，用温水溶化，然后加入醋、酒。诱虫盆要高出作物30厘米左右，诱剂保持3厘米深，每天早晨取出蛾子，白天将盆盖好，傍晚开盖，5~7天换诱剂1次。还可用杨树枝把或草把诱虫。取几条1~2年生叶片较多的杨树枝条，剪成约60厘米长，将基部扎紧就制成了杨树枝把。将其阴干1天，待叶片萎蔫后便可倒挂在木棍或竹竿上，插在田间，在成虫发生期诱蛾。小谷草把或稻草把也可用于诱蛾，每亩插60~100个，可在草把上洒糖醋液，每5天更换1次，换下的草把要烧毁。

成虫趋光性强，在成虫交配产卵期，在田间安置杀虫灯，灯间距100米，在夜间诱杀成虫。

在卵孵化盛期，可顺垄人工采卵，连续进行3~4次。在大发生年份，如幼虫虫龄已大，可利用其假死性，击落捕杀或挖沟阻杀，防止幼虫迁移。

2. 化学防治

根据虫情测报，在幼虫3龄前及时喷药。用苯甲酰脲类杀虫剂有利于保护黏虫天敌。20%除虫脲悬浮剂每亩用10毫升，常量喷雾加水75千克，或用弥雾机喷药加水12.5千克，配成药液施用。喷雾法施药还可用80%敌百虫可溶性粉剂1 000~1 500倍液、80%敌敌畏乳油2 000~3 000倍液、50%马拉硫磷乳油1 000~1 500倍液、50%辛硫磷乳油1 000~1 500倍液、2.5%溴氰菊酯乳油3 000~4 000倍液等。

喷粉法施药可用2.5%敌百虫粉剂，每亩喷2.0~2.5千克。还可用50%辛硫磷乳油0.7千克，加水10千克稀释后拌入50千克煤渣颗粒，顺垄撒施。

四、棉铃虫

（一）危害症状

棉铃虫为主要农业害虫，分布广泛，寄主植物多达200余种，主要危害玉米、棉花、麦类、豌豆、苜蓿、向日葵、茄科蔬菜等。近年来棉铃虫对玉米的危害明显加重，夏玉米田平均减产5%~10%，严重的可达15%以上。初龄幼虫取食嫩叶、花丝和雄花，3龄以后蛀果危害，多钻入玉米心叶内，食害果穗，5~6龄进入暴食期。幼虫取食的叶片出现孔洞或缺刻，有时咬断心叶，造成枯心。在叶片上形成排孔，但孔洞粗大，形状不规则，边缘不整齐。幼虫可咬断花丝，造成籽粒不育。危害果穗时，多在果穗顶部取食，少数从中部苞叶蛀入果穗，咬食幼嫩籽粒，粪便沿虫孔排出。

(二) 发生规律

我国各地发生的代数不同，东北、西北、华北北部1年发生3代，黄淮流域4代，长江流域4~5代，华南6~8代。在黄淮流域，9月下旬至10月中旬老熟幼虫入土，在5~15厘米深处筑土室化蛹越冬。主要越冬场所在棉田、玉米田，其次为菜地和杂草荒地。翌年4月下旬至5月中旬，当气温升至15℃以上时，越冬代成虫羽化。1代幼虫主要危害春玉米、小麦、豌豆、苜蓿、番茄等作物，麦田发生最多。6月上旬和中旬入土化蛹，6月中旬和下旬1代成虫盛发，大量成虫迁入棉田产卵。2代和3代幼虫主要危害棉花，也危害玉米、蔬菜等作物。8月下旬至9月发生4代幼虫，蛀食棉铃、夏玉米果穗、高粱穗部。通常9月下旬以后陆续进入越冬。

在甘肃河西走廊，玉米田棉铃虫1年发生3代，以蛹在玉米田土壤中越冬。越冬代成虫以本地虫源为主，还有来自外地的虫源。外地虫源比本地虫源发生期早30天左右。2代幼虫危害玉米最重，始卵期在7月中旬，正值玉米大喇叭口期至抽雄初期。卵孵化盛期在7月下旬，处于开花授粉阶段。卵终见期为8月上旬。

成虫吸食花蜜，在夜间活动，白天隐蔽。有趋光性，杨树枝对成蛾的诱集力强。在玉米植株上，卵多产于吐出不久的花丝上和刚抽出的雄花序上，也产于苞叶、叶片和叶鞘上。每只雌蛾可产卵100~200粒。卵散产，每处1~5粒不等。初龄幼虫取食嫩叶、幼嫩的花丝和雄花，3龄以后多食害果穗，幼虫有转株危害习性。末龄幼虫入土化蛹。

棉铃虫属喜温喜湿性害虫，成虫产卵适宜温度在23℃以上，20℃以下很少产卵。幼虫发育以25~28℃和相对湿度75%~90%最为适宜。在北方尤以湿度的影响最为显著。月降水量在100毫米以上，相对湿度在70%以上时危害严重。但雨水过多会造成土壤板结，不利于幼虫入土化蛹，蛹的死亡率也增高。暴雨可冲掉棉铃虫卵，对其也有抑制作用。水肥条件好、长势旺盛的棉田、玉米田，间作、套种的玉米田都适于棉铃虫发生。近年麦、棉套种面积增加，对4代棉铃虫发生十分有利，为翌年棉铃虫发生提供了较多的虫源。棉铃虫的天敌较多，有赤眼蜂、茧蜂、姬蜂、寄蝇、蜘蛛、草蛉、瓢虫、螳螂、小花蝽等60多种，这些天敌有明显的控制作用。

（三）防控措施

棉铃虫危害的作物种类多，虫源转移关系复杂，防治工作应统筹安排。玉米田在害虫量很少时，可结合其他害虫的防治予以兼治。当害虫量增多时，或玉米田在当地棉铃虫虫源转移中起重要作用时，需采取针对性防治措施。

1. 农业防治

玉米收获后及时耕翻耙地，实行冬灌，消灭棉铃虫的越冬蛹。在棉田种植春玉米诱集带，诱集棉铃虫成虫产卵，及时捕蛾灭卵，在玉米地边也可种植洋葱、胡萝卜等诱集植物。在成虫发生期设置诱虫灯、性诱剂、杨树枝把等诱杀成虫。

2. 化学防治

抓住施药关键期，在棉铃虫幼虫3龄以前施药。用于喷雾的药剂有50%辛硫磷乳剂1 000~1 500倍液、44%丙溴磷乳油1 500倍液、45%丙溴·辛硫磷乳油1 000~1 500倍液、44%氯氰·丙溴磷乳油2 000~3 000倍液、2.5%氯氟氰菊酯乳油2 000倍液、4.5%高效氯氰菊酯乳油1 500~2 000倍液、43%辛硫·氟氯氰乳油1 500倍液、15%茚虫威悬浮剂4 000~5 000倍液、75%硫双威可湿性粉剂3 000倍液、5%氟铃脲乳油2 000~3 000倍液、50克/升氟虫脲可分散液剂1 000倍液或1.8%阿维菌素4 000~5 000倍液等。喷药需在早晨或傍晚进行，喷药要细致周到。长期使用单一品种农药，可使棉铃虫的抗药性增强，防治效果下降，因此要合理轮换交替用药。

3. 生物防治

要保护和利用棉铃虫天敌，施用杀虫剂时，要选择对其天敌杀伤较轻的品种、剂型或施药方法。在棉铃虫卵孵化盛期，可人工释放赤眼蜂（每亩1.5万~2万只）。在产卵高峰期至幼虫孵化盛期可喷苏云金杆菌制剂或棉铃虫核型多角体病毒制剂。喷施棉铃虫核型多角体病毒制剂时，若使用含量为10亿PIB/克的制剂（PIB，多角体的英文缩写，用以表示病毒浓度的单位），每亩用药量为100克左右；使用含量为600亿PIB/克的制剂，每亩用药量为2克左右，均加水稀释后，进行常规喷雾或弥雾机喷雾。

五、蚜虫

（一）危害症状

蚜虫是玉米的主要害虫，在危害玉米的多种蚜虫中，以玉米蚜和禾谷缢管蚜最常见。玉米蚜又名玉米缢管蚜，禾谷缢管蚜又名粟缢管蚜或小米蚜，都分布在全国各地，还可危害谷子、高粱、麦类、水稻等禾本科作物及多种禾本科杂草。

成蚜、若蚜群聚玉米叶片、叶鞘、雄穗、雌穗苞叶等处，刺吸植物组织的汁液，引致叶片等受害部位变色，生长发育受阻，严重时导致植株枯死。蚜虫还分泌蜜露，使受害部位"起油"发亮，后生霉变黑。蚜虫可传播玉米矮花叶病毒和大麦黄矮病毒等主要植物病毒。

（二）发生规律

1. 玉米蚜

在华北1年可繁殖20代左右，以成蚜、若蚜在冬小麦或禾草心叶内越冬。春季3月，温度回升到7℃左右时开始活动，随着小麦植株生长而向上部移动，集中在新产生的心叶内繁殖危害,抽穗后大都迁移到无效分蘖上危害,很少在穗部危害。4月下旬至5月上旬,陆续产生大批有翅蚜,迁往玉米、高粱、谷子或禾草上繁殖。春玉米抽雄后,多集中在雄穗上危害,乳熟后又转移到夏玉米上。9—10月夏玉米老熟,又产生大量有翅蚜,迁移到向阳处禾草上和冬小麦麦苗上,繁殖1~2代后越冬。

在黑龙江省,玉米蚜1年发生10代左右,以成蚜、若蚜在禾本科植物心叶、叶鞘内或根际越冬。5月底至6月初产生大批有翅蚜,迁飞到玉米上危害,8月上旬和中旬是危害盛期。在长江流域,1年发生20多代,以成蚜、若蚜在大麦、小麦或禾草心叶内越冬。春季3—4月开始活动危害,4—5月麦类黄熟后产生大量有翅蚜,迁往春玉米、高粱、水稻田持续繁殖危害。春玉米乳熟期以后,又产生有翅蚜,迁往夏玉米上繁殖危害。秋末有翅蚜迁往小麦或其他越冬寄主。玉米蚜终生为孤雌生殖,虫口数量快速增多。高温干旱年份发生较多。在玉米生长中后期,旬均温23~28℃,旬降水量低于20毫米时,有利于玉米蚜猖獗发生。

2. 禾谷缢管蚜

1年发生10~20代。在北方寒冷地区,禾谷缢管蚜生活史为异寄主全周期型。以受精卵在桃、李、梅、榆叶梅等李属植物(第一寄主)上越冬,翌年春季越冬卵孵化为干母,以后干母胎生无翅雌蚜,即干雌。干雌繁殖几代后,产生有翅雌蚜。初夏,有翅雌蚜迁到禾本科植物(第二寄主)上繁殖危害,持续孤雌生殖,产生无翅孤雌蚜和有翅孤雌蚜。寄主衰老后,产生有翅蚜(性母),迁回越冬寄主,性母产生雌、雄性蚜,两者交配后产卵越冬。

在我国中部、南部各麦区,禾谷缢管蚜不产生有性蚜,全年在禾本科植物上孤雌生殖,属不全周期生活史。在冬麦区或冬麦、春麦混种区,秋末冬小麦出苗后,危害秋苗,继而以无翅孤雌成蚜和若蚜在麦苗根部、近地面叶鞘和土缝内越冬,若天气暖和仍可活动。春季继续危害小麦，麦收后转移到玉米、谷子、糜子、自生麦苗、禾本科杂草上危害。秋季迁回麦田繁殖危害。禾谷缢管蚜在30℃左右发育最快，不耐低温，在1月平均气温为-2℃的地方就不能越冬。喜高湿，不耐干旱，不适于在年降水量低于250毫米的地区发生。

（三）防控措施

蚜虫的防治应兼顾各种寄主作物，统筹安排。

1. 农业防治

及时清除田埂、地边杂草与自生麦苗，减少蚜虫越冬和繁殖场所。搞好麦田蚜虫防治，减少虫源。发生严重的地区，可减少夏玉米的播种面积。玉米自交系、杂交种间抗蚜性有明显差异，应尽量选用抗蚜自交系与杂交种。

2. 化学防治

要慎重选择防治药剂，应选用对蚜虫天敌安全的药剂，如抗蚜威、吡虫啉、生物源农药等。要改进施药技术、调整施药时间，减少用药次数和数量，避开蚜虫天敌大量发生时施药。根据虫情，挑治重点田块和虫口密集田，尽量避免普治，以减少对蚜虫天敌的伤害。

在玉米心叶期发现有蚜株后即可针对性施药，有蚜株率达到30%~40%，出现"起油株"时应进行全田普治。防治蚜虫的有效药剂较多，要轮换使用，防止蚜虫产生抗药性。常用药剂和每亩用药量如下：50%抗蚜威可湿性粉剂10~15克、10%吡虫啉可湿性粉剂20克、24%抗蚜·吡虫啉可湿性粉剂20克、40%毒死蜱乳油50~75毫升、25%吡蚜酮可湿性粉剂16~20克、3%啶虫脒可湿性粉剂10~20克（南方）或30~40克（北方）、2.5%高效氯氰菊酯乳油25~30毫升、4.5%高效氯氰菊酯40毫升，皆兑水30~50千克常量喷雾，也可兑水15千克用弥雾机低容量喷雾。

六、双斑萤叶甲

(一) 危害症状

双斑萤叶甲又称双斑长跗萤叶甲。双斑萤叶甲危害作物叶片，在玉米上常咬断或取食花丝、雄蕊、雌穗，影响玉米授粉结实，一般造成玉米产量损失达15%左右。

先顺叶脉取食叶肉，并逐渐转移到嫩穗上，取食玉米花丝、初灌浆的嫩粒。成虫有群聚危害习性，往往在单株作物上自下而上取食，而邻近植株受害轻或不受害。

(二) 发生规律

在北方1年发生1代，以卵在土壤中越冬。翌年5月越冬卵开始孵化，出现幼虫。幼虫有3龄，幼虫期约30天，在土壤中活动，取食植物根部。老熟幼虫在土壤中筑土室化蛹，蛹期7~10天。成虫7月初开始出现，成虫期长达3个多月，一直延续至10月。成虫通常先取食田边杂草，不久转移到玉米田、豆田或其他作物田间危害，7—8月为成虫危害盛期。成虫在白天活动，气温高于15℃时成虫活跃，能跳跃和短距离飞翔，有群集性、趋嫩性和弱趋光性。成虫羽化后20多天即交尾产卵。卵产在表土缝隙中或植物叶片上，散产或几粒黏结在一起。每只雌虫每次产卵10~12粒。

高温干旱有利于双斑萤叶甲的发生。在19~30℃范围内，随温度的升高，卵发育速率加快。干旱年份降雨减少，发生加重，多雨年份发生较轻，暴雨更不利于该虫生存。农田生态条件对其也有明显影响，黏土地发虫早而重，壤土地、砂土地发虫则较轻。免耕田和杂草多、管理粗放的农田发生较重。

(三) 防控措施

1. 农业防治

秋耕冬灌，清除田间地边杂草，减少双斑萤叶甲的越冬寄主植物，降低越冬基数；在玉米生长期合理施肥，提高植株的抗逆性；对双斑萤叶甲危害重的田块应及时补水、补肥，促进玉米的营养生长及生殖生长。

2. 人工防治

该虫有一定的迁飞性，可用捕虫网捕杀，降低虫口基数。

3. 生物防治

合理使用农药，保护利用双斑萤叶甲天敌。双斑萤叶甲的天敌主要有瓢虫、蜘蛛、螳螂等。

4. 化学防治

由于该虫越冬场所复杂，因此在防治策略上坚持以"先治田外，后治田内"的原则防治成虫。6月下旬就应防治田边、地头、渠边等寄主植物上羽化出土的成虫；7月下旬在玉米抽雄、吐丝前，百株玉米双斑萤叶甲成虫虫口达300头，或被害株率达30%时进行防治。每亩选用25%噻虫嗪水分散粒剂2克或生物制剂棉铃虫核型多角体病毒每亩30克兑水喷雾，都具有很好的防治效果。如药剂持效期长，药后7天防效在90%以上，值得在生产上试验、推广应用。应统一防治双斑萤叶甲，施药时间应选在清晨或傍晚为宜。

七、叶螨

（一）危害症状

危害玉米的叶螨主要有截形叶螨、二斑叶螨、朱砂叶螨3种。叶螨一般在玉米抽穗后开始危害，在发生早的年份，6叶期玉米即遭受危害。成螨和若螨聚集在叶片背面，刺吸叶片中的养分，有吐丝结网的习性。植株发病一般下部叶片先受害，逐渐向上蔓延。危害轻者叶片产生黄白斑点，以后呈赤色斑纹；危害重者出现失绿斑块，叶片卷缩，呈褐色，如同火烧一样干枯，叶片丧失光合作用，严重影响营养物质运输、积累，造成玉米籽粒产量和品质下降,千粒重降低。

(二) 发生规律

叶螨主要为两性生殖,在缺乏雄螨时,也能进行孤雌生殖,每年可繁殖 10 代以上。

朱砂叶螨在北方 1 年发生 10~15 代,在长江流域及以南地区 1 年发生 15~20 代。以雌成螨在作物和杂草根际或土缝里越冬。早春越冬成螨开始活动,取食产卵。春玉米出苗后即可受害,6 月在春玉米和麦套玉米田常点片发生,7—8 月常猖獗发生,春、夏玉米受害严重。朱砂叶螨在玉米叶背活动,先危害下部叶片,渐向上部叶片转移。在玉米植株上垂直扩散靠爬行,并以上迁为主,在株间迁移以吐丝飘移为主。卵散产在叶背中脉附近。气象条件和耕作制度对叶螨种群消长影响很大。其繁殖危害的最适宜温度为 22~28℃,高温、干旱、少雨年份发生较重。大雨冲刷可使螨量快速减少。麦套玉米受害面积容易扩大,由于麦季食料充足,有利于叶螨的大量繁殖。

二斑叶螨每年繁殖 10~20 代,主要以受精的雌成螨群集越冬,越冬场所是杂草根际、土缝内或棉田枯枝落叶下。春季出蛰后在杂草、春作物上取食产卵。玉米是二斑叶螨的重要寄主。

(三) 防控措施

1. 农业防治

秋收后清除田间玉米秸秆、枯枝落叶等植物残体,深翻土地,将土壤表层越冬虫体翻入深层致死。实行冬灌,早春清除田间地边和沟渠旁杂草,以减少叶螨越冬和繁殖存活的场所。在作物生长期间,适时进行中耕除草和灌溉。在玉米大喇叭口期增施速效肥,增强抗螨能力,减轻损失。及时摘除玉米下部 1~5 片染虫叶片,带至田外烧毁。玉米要尽量避免与豆类、棉花、瓜菜等叶螨喜食作物间作套种,有条件的地方应推行水旱轮作。在重发生区应种植抗旱性强的抗螨玉米品种。

2. 化学防治

可用15%哒螨灵乳油2 000~2 500倍液，或1.8%阿维菌素3 000倍液喷洒植株，可兼治玉米蚜虫、灰飞虱等。

八、玉米叶夜蛾

（一）危害症状

玉米叶夜蛾又名甜菜夜蛾，分布广泛，寄主种类多达170余种，其中包括玉米、高粱、谷子、甜菜、棉花、大豆、花生、烟草、苜蓿、蔬菜等。该虫具有暴发性，猖獗发生年份可造成作物产量重大损失，近年来有加重发生的趋势。

幼虫取食叶片。低龄幼虫在叶片上咬食叶肉，残留一侧表皮，呈透明斑点状；大龄幼虫将叶片吃成孔洞或缺刻，严重的将叶片吃成网状。危害幼苗时，甚至可将幼苗吃光。

（二）发生规律

玉米叶夜蛾在华北1年发生3~4代，在陕西省、山东省等地发生4~5代，长江流域发生5~6代，世代重叠。在长江以北以蛹在土室内越冬，在其他地区各虫态都可越冬，在亚热带和热带地区无越冬现象。

成虫白天潜伏在土缝、土块、杂草丛中及枯叶下等隐蔽处。夜晚活动，成虫趋光性强，趋化性稍弱。卵产于叶片背面，聚产成块，卵块单层或双层，卵块上覆盖灰白色绒毛。幼虫一般5龄，少数6龄。3龄前幼虫群集叶背，吐丝结网，在内取食，食量小。3龄后幼虫分散取食，4龄后幼虫食量剧增。幼虫杂食性，昼伏夜出，畏阳光，受惊后卷成团，坠地假死。幼虫老熟后入土，吐丝筑室化蛹，化蛹深度多为0.2~2.0厘米。

玉米叶夜蛾具有间歇性发生的特点，不同年份发虫量差异很大。玉米叶夜蛾对低温敏感，抗寒性弱。不同虫期的抗寒性又有差异，蛹期和卵期抗寒性稍强，成虫和幼虫抗寒性较弱。

成虫在0℃条件下，几天甚至几小时后死亡，幼虫在2℃时几天后大量死亡。若以抗寒性弱的虫期进入越冬期，冬季又长期低温，则幼虫越冬死亡率高，翌年春季发虫少。

（三）防控措施

1. 诱杀成虫

在成虫数量开始上升时，可用黑光灯、高压汞灯或糖醋液诱杀成虫。也可利用玉米叶夜蛾性诱剂诱杀雄虫。

2. 农业防治

铲除田边地头的杂草，减少玉米叶夜蛾滋生场所；化蛹期及时浅翻地，消灭翻出的虫蛹；利用幼虫假死性，将白纸或黄纸平铺在垄间，振动植株，幼虫即落到纸上，人工捕捉后集中杀死；晚秋或初冬翻耕，可消灭越冬蛹。

3. 化学防治

大龄幼虫抗药性很强，应在幼虫2龄以前及时喷药防治。在卵孵化期和1～2龄幼虫盛期施药，用5%高效氯氰菊酯乳油1 500倍液与菊酯伴侣500～700倍液混合于傍晚喷雾。也可用2.5%氟氯氰菊酯乳油1 000倍液+50克/升氟虫脲可分散液剂500倍液混合喷雾，或10%氯氰菊酯乳油1 000倍液+5%氟虫脲乳油500倍液混合喷雾。晴天在清晨或傍晚施药，阴天全天都可施药。

对大龄幼虫或已经产生抗药性的幼虫，可选用10%虫螨腈悬浮液1 000～1 500倍液、48%毒死蜱乳油1 000～1 500倍液、5%氯虫苯甲酰胺悬浮剂1 500倍液、15%茚虫威悬浮剂3 500倍液或20%氟虫双酰胺水分散粒剂2 500倍液等喷雾。

第六章 油菜重大病虫害防控技术

第一节 油菜病害及其防控

一、油菜菌核病

油菜菌核病又称菌核软腐病，也称霉秆、烂秆等，发生普遍，危害严重，影响油菜的产量和质量，已成为油菜继续增产的主要矛盾。

（一）危害症状

油菜菌核病是一种真菌性病害，它危害时间长，从苗期到成熟期都可发生，开花后发生最多。长江流域冬油菜区一般在3—4月油菜花期严重发病，茎枝感染造成收获前植株或分枝死亡。在北方春油菜区，于6月下旬开始发病，7月上旬出现高峰期。

（二）发生规律

油菜菌核病的病菌以菌核在土壤、病残体、种子中越夏（冬油菜区）、越冬（冬、春油菜区）。菌核在干燥条件下可以存活4~10年。开花期和角果发育期降水量多、阴雨连绵、相对湿度在80%以上均有利于病害的发生和流行，也是油菜菌核病连年加重的最主要因素。

(三) 防控措施

1. 选种和种子处理

选无病株留种,筛去种子中的大菌核,然后用盐水(5千克水加食盐 0.50~0.75 千克)或硫酸铵水(5千克水加硫酸铵 0.5~1.0 千克)选种,外用清水洗种;也可用 50℃ 温水浸种 10~20 分钟或 1:200 福尔马林浸种 3 分钟。

2. 化学防治

每亩用 15% 氯啶菌酯乳油 55~66 克兑水喷雾,或每亩用 25% 咪鲜胺乳油 40 毫升兑水喷雾,或 40% 菌核净可湿性粉剂 1 000~1 500 倍液喷 1~2 次,或 50% 多菌灵粉剂 500 倍液喷 2~3 次、70% 甲基硫菌灵可湿性粉剂 500~1 500 倍液喷 2~3 次,或 50% 腐霉利粉剂 2 000 倍液喷 2~3 次。上述药液用量为每亩每次 100~125 千克。油菜开花期,叶病株率 10% 以上,茎病株率在 1% 以下时开始喷药,每次间隔 7~10 天。

3. 生物防治

一般将生防制剂施入土壤中。防效较好的有盾壳霉、木霉等制剂。

二、油菜病毒病

油菜病毒病,又名油菜花叶病、毒素病、萎缩病,是油菜主要病害之一,全国各油菜产区均有发生,以冬油菜区发生较为普遍,一般造成减产 20%~30%,严重者在 70% 以上,种子含油量降低 7%,发病越早,损失越重。

(一) 危害症状

油菜从苗期到成株期均能感病,油菜类型不同,病害症状差异很大。甘蓝型油菜感染了油菜病毒病,最初在新叶的叶脉间发生油渍状的小斑点,以后逐渐形成黄色斑块,开花后长出的新叶病斑扩展很快，成为花叶，下部叶片变黄脱落，到发病末期，茎叶出现坏死病斑，变成褐黑色，最后枯死。

（二）发生规律

病毒病由芜菁花叶病毒、黄瓜花叶病毒、烟草花叶病毒和油菜花叶病毒等病毒单独或复合侵染所引起。油菜苗期是易感病期，病害发生与气候条件、栽培管理也有很大的关系，在一些冬油菜产区，油菜自出苗后1个月，月平均气温在16~19℃，相对湿度在77%以下，月降水量少于33毫米，有利于蚜虫繁殖危害，加速病毒的传播。一般高温干旱利于发病，相对湿度在80%以上不利于发病。

（三）防控措施

1. 选用抗病品种

一般甘蓝型油菜比芥菜型、白菜型油菜抗病性强，且产量高。因此，在病毒病发生严重的地区，应尽可能种植甘蓝型油菜，并选用在当地推广的抗性较强的品种。

2. 控制病毒源

病毒的寄主较多，除十字花科蔬菜外，还有杂草，病毒病普遍发生的原因就是有充足的毒源存在。应将田间杂草铲除干净，并将杂草用于沤肥，以减少病毒源，这是减少病毒病发生的关键。

3. 改善耕作制度

油菜田尽可能远离十字花科菜地；调整播种期，北方冬油菜区和长江流域冬油菜区应根据当地气候特点、油菜品种特性及油菜蚜虫发生情况来确定适宜播种期，既要避开蚜虫发生盛期，又要防止播种过迟造成减产。雨少天旱应适当迟播，多雨年份可适当早播。在长江流域和东南沿海地区，甘蓝型油菜以9月下旬以后播种为宜，白菜型油菜则宜在10月播种。

4. 加强田间管理

集中育苗，苗期要勤施肥，不偏施氮肥；及时间苗，剔除病苗；田间发现病株及时拔除，清除发病中心；科学施肥，增施磷、钾肥，提高植株抗病力；合理灌溉，雨后及时排水，降低田间湿度。

5. 治蚜防病

蚜虫体小，又在叶背危害，初期往往被忽视，易造成损失。必须在苗床期及时用药防治，可在移栽前2~3天，于苗床上喷起身药，用10%吡虫啉可湿性粉剂2 000~2 500倍液，或50%抗蚜威可湿性粉剂2 000~3 000倍液喷雾，这样既可节省用药量，又可推迟减轻大田苗期因蚜虫传毒的病毒病害。田间利用黄色诱杀。蚜虫繁殖能力强，有翅蚜可能从另一块地迁飞而来，大田、苗期应每隔5~7天施1次防治蚜虫的药，连喷3~4次，以达到彻底消灭蚜虫的目的。

6. 化学防治

发病初期选用0.5%菇类蛋白多糖水剂300倍液、1.5%烷醇·硫酸铜（植病灵）乳剂1 000倍液、2%宁南霉素水剂200~300倍液、5%菌毒清可湿性粉剂400~500倍液、20%吗胍·乙酸铜可湿性粉剂300倍液或2%氨基寡糖素水剂600~800倍液，隔10天喷1次，连续防治2~3次。还可加入生长调节剂如腐植酸微肥500~800倍液，既能调节植株生长，又能控制病情发展。

三、油菜霜霉病

霜霉病在冬油菜区发生普遍，自苗期到开花结荚期都有发生，危害叶、茎、花和果，影响菜籽的产量和质量。

（一）危害症状

霜霉病在油菜生长期间均可发生，叶片发病后，初为淡黄色斑点，后扩大成黄褐色大斑，受叶脉限制呈不规则形，叶背面病斑上出现霜状霉层，茎、薹、分枝和花梗感病后，初生褪绿斑点，后扩大成黄褐色不规则形斑块，花梗发病后有时肥肿、畸形，花器变绿、肿大，呈"龙头"状，表面光滑，上有霜状霉层，感病严重时叶枯落直至全株死亡。

（二）发生规律

气温 8～16℃，相对湿度高于 90%、弱光利于该菌侵染。生产上低温多雨、高湿、日照少利于病害发生。长江流域油菜区冬季气温低，雨水少，发病轻，春季 4—5 月气温上升至 10～20℃，遇多雨潮湿天气，田间湿度大极易发病或引致薹花期该病流行。

（三）防控措施

1. 农业防治

（1）因地制宜种植抗病品种。现在很多推广的甘蓝型油菜品种具有较强的霜霉病抗性，选用大面积推广品种替代老品种就可能减轻霜霉病的危害。

（2）轮作倒茬。避免重茬或与十字花科蔬菜轮作，不要在十字花科蔬菜地上连作育苗。提倡与大小麦等禾本科作物进行 1～2 年轮作，或水旱轮作，可大大减少土壤中卵孢子数量，降低菌源量。

（3）加强田间管理。适期播种，不宜过早；合理密植，以利于田间通风透光，防止田间郁闭；采用配方施肥技术，合理施用配方肥，提高抗病力；春季清沟排渍，注意雨后及时排水，防止雨水滞留和淹苗；及时摘除下部的老黄叶，减少植株间的互相传播，改善株间通风透光条件，降低田间湿度，减少病菌繁殖。摘除的病叶应带出田外，作饲料或堆肥。收获后结合深翻整地，清除田间病残体，减少翌年菌源。

2. 种子处理

播种前精选种子，并进行种子消毒处理。播种前用 10% 盐水选种，淘汰病种、瘪粒，选出的种子用清水漂洗后晾干播种。也可用种子重量1%的35%甲霜灵可湿性粉剂拌种，或用种子重量0.4%的50%福美双可湿性粉剂或75%百菌清可湿性粉剂拌种。

3. 化学防治

3月上旬是油菜霜霉病多发期，提前预防可选用75%百菌清可湿性粉剂600倍液喷洒，或选用60%甲霜·锰锌可湿性粉剂800倍液喷洒，还可选用69%烯酰·锰锌可湿性粉剂1 200倍液喷洒，每次间隔6天，连喷3次。

四、油菜根肿病

油菜根肿病，俗称大脑壳病、肿瘤病，是一种严重危害油菜生产的主要真菌性病害，可危害油菜、白菜、萝卜、甘蓝等十字花科作物根系。

（一）危害症状

根肿病主要出现在根部，发病时根部会呈纺锤形或不规则畸形的"肿瘤"，主要发生在主根上，侧根上较小，初期肿瘤表面光滑，呈白色，之后会逐渐变为褐色，避免粗糙，时间长了还会出现皲裂。在发病初期，中午时因为气温较高，油菜的蒸腾作用较大，会散发很多的水分，而根系被肿瘤破坏，吸水吸肥能力降低。在缺水情况下，地上植株也会出现萎蔫，随着病情恶化，病株会彻底萎蔫甚至死亡。

（二）发生规律

油菜根肿病菌是一种真菌，属于鞭毛菌亚门根肿菌属的芸薹根肿菌。病菌以休眠孢子囊在病残体、土壤及混有病残体未充分腐熟的有机肥中越夏或越冬，并可在土中存活10~15年。当土壤pH值在5.4~6.5时有利于病害的发生，土壤pH值在7.2以上时，则一般不发病；土壤温度为18~25℃、土壤湿度为

60%左右时，有利于病害发生传染。十字花科作物连作，施用未腐熟粪肥的田块发病重。该病病菌主要在苗期侵染，6叶期以后侵染速度减慢。

（三）防控措施

油菜根肿病属土传病害，一旦发生，普通防治方法和药剂难以达到理想的防治效果，建议采用综合措施。

1. 农业防治

（1）实行轮作。与非十字花科作物实行5年以上轮作。避免在低洼积水田或稻麦改油菜田或酸性土壤上种油菜。

（2）选用抗病品种。尽量压缩或减少十字花科作物种植。即使要种植十字花科蔬菜也要选用抗病品种。

（3）选用无病苗床及苗床消毒。严格选择排灌方便，至少有8年未种植十字花科作物的园地作苗床，提倡用营养钵育苗。施用甲醛对床土进行消毒。移栽前用石灰水（每桶水加100~150克石灰粉溶解）或50%福美双可湿性粉剂1 000倍液进行浸根或用作定根水。当菜地发现病株时，要及时拔出烧毁，补栽壮苗，再用石灰水或50%多菌灵可湿性粉剂500倍液对全田进行灌根，15天左右1次，连续2次。拔除的病苗必须带出田间烧毁或用石灰、甲醛消毒后制成腐熟堆肥。

（4）加强栽培与管理。采用高畦栽培，开沟排湿，勤中耕、勤除草，减少氮肥施用，增施腐熟有机肥，磷、钾肥，以提高植株抗病性。

发现病株，及时拔除，将病残体带出田外烧毁，并用药剂或生石灰水灌窝处理；特别是在油菜收割后，应彻底处理病残体，切勿随意丢弃病株和沤肥，造成病菌循环传播。

田间避免大量施用化肥，防止土壤酸化，发病田可施用石灰改变酸碱度，使土壤呈微碱性，以减轻发病。一般每亩施石灰100~150千克。

2. 调酸防病

偏酸的土壤环境最适宜根肿病的滋生和侵染，施用碱性肥料和土壤调理剂，将偏酸土壤的 pH 值调到 7.2（微碱性），可减轻根肿病危害。一是使用 1% 生石灰水灌穴。分别在油菜播种时、3~4 叶期和 6~7 叶期施用 1 次，每亩石灰用量 10 千克，田内 pH 值可由 5.4~5.8 调整至 7.2 左右的微碱环境。二是使用土壤调理剂。可有效调节土壤酸碱度、抑制病原菌生长。

3. 化学防治

（1）育苗移栽。油菜真叶展开期可用 70% 百菌清可湿性粉剂 600~800 倍液或 70% 甲基硫菌灵可湿性粉剂 600~800 倍液喷淋或泼浇整个苗床。移栽前用 75% 百菌清可湿性粉剂 500 倍液、20% 乙酸铜可湿性粉剂 500~600 倍液或 33.5% 喹啉铜悬浮剂 1 500~2 000 倍液等喷根，每株 400~500 毫升，也可淋浇后带药移栽。

移栽时可浇 2% 石灰水为定根水，15 天后再用 75% 百菌清可湿性粉剂 500 倍液灌根 1 次，移栽后 30 天内，应勤查早除，拔除病株进行烧毁，并及时补上健苗。如果病株较多，还可以用 50% 多菌灵可湿性粉剂 500 倍液灌根，每株灌 250 毫升，或者用 40% 五氯硝基苯粉剂 500 倍液灌根，每株 400~500 毫升，也能够有效控制病情。

移栽油菜，在深翻苗床后用 10% 氰霜唑悬浮剂 500 倍液喷雾均匀处理土壤后播种。播种后 30 天进行移栽，移栽时淘汰根部被侵染的幼苗，移栽后配制 10% 氰霜唑悬浮剂 2 000 倍液用作定根水同时防治根肿病，15 天后再用氰霜唑进行 2 次灌穴防治。

（2）直播田。用 10% 氰霜唑悬浮剂 300~500 倍液拌种。播种时可用 75% 百菌清可湿性粉剂 1 000 倍液浇灌，间隔 10~15 天防治 1 次，连续 2~3 次。播种后 30 天用 10% 氰霜唑悬浮剂 2 000 倍液灌穴防治，防效良好。

五、油菜软腐病

油菜软腐病又名根腐病，在我国冬油菜区发生较普遍。

（一）危害症状

发病症状主要是靠近地表的茎秆，发生水渍状的软腐，内部腐烂，呈空洞状，有恶臭味。本病可在根茎叶上发生，病苗从茎基伤口入侵，产生不规则的水渍状病斑，略为凹陷，表皮稍皱缩，继而病部皮层开裂，内部软腐变空，可从茎蔓延到根部。靠近地面发病的叶片，叶柄纵裂、软化、腐败，病部出现灰白色或污白色黏液，有强烈臭味。病株叶片萎缩，初期早晚间能恢复，晚期则失去恢复能力，重者抽薹后倒伏死亡。

（二）发生规律

病原菌主要在病残体内繁殖、越夏、越冬，由雨水、灌溉水、昆虫传播，从伤口侵入。高温高湿有利于发病，连续阴雨有利于病菌传播和侵入。

（三）防控措施

（1）因地制宜选用抗病品种。

（2）与油料作物实行2~3年轮作。

（3）加强田间管理。合理掌握播种期，采用高畦栽培，防止冻害，减少伤口。播前20天耕翻晒土，施用酵素菌沤制的堆肥或充分腐熟的有机肥，提高植株抗病力；合理灌溉，雨后及时开沟排水；收获后及时清除田间病残体，减少来年菌源。

（4）化学防治。发病初期选择喷洒47%春雷霉素可湿性粉剂900倍液、30%碱式硫酸铜悬浮剂500倍液或14%络氨铜水剂350倍液，隔7~10天喷1次，连续防治2~3次。油菜对铜制剂敏感，要严格控制用药量，以防药害。

第二节 油菜虫害及其防控

一、蚜虫

蚜虫是油菜的主要害虫，俗称蜜虫、腻虫、油虫等，它的发生不但对油菜造成直接危害，而且还能传播病毒，致使油菜发生病毒病。油菜田蚜虫主要有3种，萝卜蚜、桃蚜和甘蓝蚜，三者均属同翅目蚜科，其中萝卜蚜又称菜缢管蚜。

（一）危害症状

蚜虫是油菜常见病虫害之一，多集中在油菜叶背部、菜心、茎枝和花轴上，不断吸取油菜汁液，造成油菜叶片出现卷曲萎缩的情况，影响油菜幼苗的生长，还会导致油菜茎、花轴停止生长，花、角果数量减少，最终致油菜植株枯死。蚜虫具有较强的繁殖力，对油菜的质量以及产量也会产生较大的影响。

（二）发生规律

在春季，室外温度15℃左右时，蚜虫就可以进行繁殖，但是蚜虫在这个阶段繁殖量会较少，15~23℃是最适合蚜虫繁殖的温度，这个温度下蚜虫的繁殖期在5天左右，油菜出现干旱或者是油菜之间种植较为密集，会促进蚜虫进一步扩大繁殖范围。在夏季，是蚜虫繁殖数量较多的季节，种植人员要注意夏季这一阶段，做好蚜虫的防治工作。

（三）防控措施

1. 农业防治

（1）因地制宜种植抗虫品种。选用当地蚜虫和病毒病发生轻的丰产油菜品种，其表现为叶色浓绿，叶片肥厚，苗期生长缓慢健壮，后期长势强。

（2）加强田间管理。蔬菜收获后深翻土地，及时清理前茬病残体，铲除田间、畦埂、地边杂草，减少翌年虫源基数。苗期适当灌水，增加田间湿度，创造一个不利于蚜虫生存繁殖的小气候。

2. 种子处理

用25%种衣剂2号1份与50份油菜种子拌裹，或40%萎锈灵悬浮剂1份与100份油菜种子拌裹控制蚜虫，有效期30天，还可减轻苗期病毒病，增产7%左右。

3. 物理防治

（1）黄板诱蚜。根据不同蚜虫习性，采用黄板诱杀。油菜播种后，可在油菜田周围设置黄板，把大约1.2米的塑料薄膜涂成金黄色，再抹一层凡士林或机油，然后架在田间，板块高出地面约50厘米，这样可以大量诱杀有翅蚜虫。

（2）银灰膜驱蚜。利用蚜虫对银灰色的负趋性，在田园内、苗床上铺设或吊挂银灰色薄膜，可驱避多种蚜虫，预防病毒病。

4. 化学防治

根据蚜虫发生的自身规律，蚜虫防治应抓住3个关键时期施药：第一是苗期（3片真叶），第二是蕾薹期，第三是花角期。根据蚜虫的发生量来决定是否施药。当苗期有蚜株率达到10%~30%，虫口密度达1~2头/株时施药；在抽薹开花期，10%茎枝或花序上有蚜虫，虫口密度达3~5头/枝时喷雾。可选用50%抗蚜威可湿性粉剂2 000倍液、5.7%氟氯氰菊酯乳油4 000倍液、48%噻虫啉悬浮剂2 000~3 000倍液、10%吡虫啉可湿性粉剂2 500倍液、4.5%高效氯氰菊酯乳油2 000倍液、3%啶虫脒乳油1 500倍液或10%烟碱乳油800~1 000倍液等喷雾防治。

也可用1%阿维菌素乳油4 000倍液，但要注意阿维菌素对蜜蜂有毒，在油菜花期、蜜蜂采蜜时不得施用。

油菜盛花期使用蚜虫专用剂抗蚜威防治蚜虫，其效果达

97.19%，对蜜蜂安全。

此外，还可采用10%吡虫啉可湿性粉剂，每亩40克拌土施于播栽穴，对蚜虫具有长效防治效果。

蚜虫多着生在心叶及叶背皱缩处，药剂难以全面喷到，所以，除要求喷药时周到细致外，还要求在用药上尽量选择兼有触杀、内吸、熏蒸三重作用的农药。每亩喷兑好的药液50~60升，隔7~10天1次，连续防治2~3次。

二、菜青虫

（一）危害症状

菜青虫是菜粉蝶的幼虫，在油菜苗期危害最重，幼虫咬食油菜的叶片，2龄前仅啃食叶肉，留下一层透明表皮，3龄后蚕食叶片出现孔洞或缺刻，严重时叶片全部被吃光，只残留粗叶脉和叶柄，造成绝产。菜青虫取食时，边取食边排出粪便污染。

（二）发生规律

幼虫共5龄，3龄前多在叶背危害，3龄后转至叶面蚕食，4~5龄幼虫的取食量占整个幼虫期取食量的97%。根据菜青虫发生和危害的特点，在防治上要掌握治早、治小的原则，将幼虫消灭在1龄之前。

（三）防控措施

1. 农业防治

清洁田园，油菜收获后，及时清除田间残株老叶，减少菜青虫繁殖场所和消灭部分蛹。

2. 化学防治

一般在卵高峰后1周左右，即幼虫孵化盛期至3龄幼虫前用药，连续使用2~3次，可以选用以下药剂：高效Bt可湿性粉剂750~1 000倍液，或0.2%阿维虫清乳油2 500~3 000倍液喷雾防治。每亩用 2.5%高效氟氯氰菊酯乳油 20 毫升,或 10%虫螨腈悬浮剂 10 毫升,或 5%顺式氯氰菊酯乳油 10~20 毫升,兑水 40 千克喷雾防治。也可用 24%甲氧虫酰肼悬浮剂 2 000~2 500 倍液,或 2.5%多曲古霉素悬浮剂 1 000~1 500 倍液,或 25%除虫脲悬浮剂 50~60 克/亩,喷雾防治。

防治时要注意抓住防治适期,在田间卵盛期、幼虫孵化初期,于早上或傍晚在植株叶片背面和正面均匀喷药,可有效防治菜青虫的危害。

三、油菜潜叶蝇

油菜潜叶蝇又叫豌豆植潜蝇、菠菜潜叶蝇,俗称夹叶虫、叶蛆、串叶虫,属双翅目潜蝇科。

(一) 危害症状

油菜潜叶蝇以幼虫危害植物叶片,幼虫往往钻入叶片组织中,潜食叶肉组织,造成叶片呈现不规则白色条斑,使叶片逐渐枯黄,造成叶片内叶绿素分解,叶片中糖分降低,危害严重时被害植株叶黄脱落,甚至死苗。由于潜叶蝇的幼虫钻到叶片里危害,一般药剂不容易接触它,所以最好在幼虫潜入叶片前用药,以卵期喷药效果最好。

(二) 发生规律

油菜潜叶蝇 1 年发生 3~18 代。以蛹、成虫、幼虫或卵越冬。越冬蛹于翌年早春羽化,成虫先在豌豆上产卵危害,3—4 月转移到油菜田繁殖,油菜开花期危害最重。初春时,虫口数量随温度上升而增加,雌虫比例显著提高。虫量短期内增长迅速,入夏后虫量急剧下降。

(三) 防控措施

1. 农业防治

早春及时清除田间、田边杂草,摘除油菜花叶。在油菜、豌豆及十字花科蔬菜收获后，及时清除田内枯枝落叶，以减少下代及越冬的虫源基数。

2. 物理防治

根据成虫对甜汁有趋性的习性，配制毒糖液诱杀。在成虫盛发期，用甘薯、胡萝卜煮出液，或30%糖水，加0.05%敌百虫制成毒糖液，在田间每隔3米左右点喷3~5株油菜，每隔3~5天喷1次，连喷4~5次，即可杀灭大量成虫。

3. 生物防治

利用寄生蜂寄生于油菜潜叶幼虫和蛹体内，自然控制油菜潜叶蝇的种群数量。

4. 化学防治

注意掌握在成虫盛发期或幼虫潜蛀开始时，当有虫株率达10%，在早晨或傍晚喷洒农药防治。可选用1.8%阿维菌素乳油3 000~4 000倍液，或30%灭蝇胺可湿性粉剂1 500~1 800倍液、50%敌敌畏乳油800倍液、5%氟啶脲乳油2 000倍液等喷雾防治，或每亩喷2.5%敌百虫粉剂2.0~2.5千克，视虫情每隔7~10天防治1次，共防治2~3次。

四、黄曲条跳甲

（一）危害症状

危害油菜和十字花科蔬菜，成虫、幼虫都可危害，幼苗期受害最重，常常食成小孔，造成缺苗毁种。成虫善跳跃，高温时还能飞翔，中午前后活动最盛。油菜移栽后，成虫从附近十字花科蔬菜转移至油菜危害，以秋、春季危害最重。严重时可使整株叶片发黄枯死，另外还能传播软腐病。

（二）发生规律

1年发生2代。以成虫在落叶、杂草中潜伏越冬。成虫善跳跃，高温时能飞翔，有趋光性，寿命长，卵散产于植株周围湿润的土隙中或细根上。幼虫孵化后在3~5厘米的表土层啃食根皮，共3龄，老熟幼虫在3~7厘米深的土中化蛹。春、秋两季发生严重，秋季重于春季，湿度高的菜田重于湿度低的菜田。

（三）防控措施

1. 农业防治

因地制宜选用抗虫品种。提倡与非十字花科蔬菜进行轮作，有条件可实行水旱轮作。清园灭虫，清除残株落叶，铲除杂草，消灭其越冬场所和食料植物，以减少虫源。深耕灭虫，播种前深耕晒土，造成不利于幼虫生活的环境条件，还可消灭部分虫蛹。合理灌水，幼虫危害严重时，可连续几天多浇水，以防止根部输导组织破坏，加速油菜生长，播前灌水，可消灭田间成虫，同时促进幼苗生长。

2. 物理防治

油菜苗期危害严重时，可在种厢两端设立1.2米的胶板，安上手柄，板正面涂抹黄油或其他胶黏物，插立田头；或一手持胶板，另一手轻轻扫动油菜苗，跳甲受惊，则高高蹦起，被黏附于板上。

黑光灯诱杀。利用成虫具有趋光性及对黑光灯敏感的特点，使用黑光灯诱杀具有一定的防治效果。

3. 化学防治

（1）土壤处理。播种前，每亩用3%辛硫磷颗粒剂1.5千克配制药土撒布，以杀死土中的幼虫。

（2）药剂喷雾。苗期早治，控制成虫。油菜苗出土后立即进行调查，发现有虫可用18%杀虫双水剂400倍液淋施，或50%辛硫磷乳油1 500倍液、80%敌敌畏乳油1 000倍液、50%马拉硫磷乳油1 000倍液、2.5%溴氰菊酯乳油2 500倍液喷雾。发现根部有幼虫危害时，还可用敌百虫、敌敌畏或辛硫磷灌根防治。用药时注意从田边向田内围喷,防止成虫逃逸。

五、油菜茎象甲

油菜茎象甲,别名油菜象鼻虫、球茎象甲,属鞘翅目象甲科。该虫分布于我国各油菜产区,西北地区危害重,主要危害油菜及其他十字花科植物。

(一) 危害症状

受害植株的生长、结角受阻,籽粒早黄不能成熟,全株枯死。严重时受害茎达70%,造成植株倒折。

(二) 发生规律

3月中旬交配产卵,将卵产于油菜嫩茎上蛀的小孔中。3月下旬孵化成幼虫,在茎中钻蛀取食危害,茎内髓部被蛀害成隧道状。油菜茎象甲的主要危害期在春夏季,春季油菜抽薹至结果期危害重,潮湿地块和早播油菜田受害重。

(三) 防控措施

1. 农业防治

通过中耕、灌水,特别是早春灌溉,有条件的可保水1天,将成虫溺死,对减少越冬、越夏虫口基数有一定的效果。油菜茎象甲成虫大多在地下5~15厘米耕层内越冬、越夏,可在油菜播前,每亩选用50%辛硫磷乳油15~20毫升,拌毒土30~35千克,结合深耕蹚耙施入土中,既能有效地毒杀油菜茎象甲成虫,也能兼治其他地下害虫。收获后及时深翻整地,可以杀死一部分越冬成虫,减少来年虫源基数。冬前和早春苗期,利用其成虫假死性,仔细检查菜薹、叶腋处和土面,人工捕捉成虫。

2. 化学防治

每年2—3月或9—10月成虫开始活动时,可喷洒2.5%敌百虫粉剂,每亩2~3千克。

必要时，可选用90%晶体敌百虫1 000倍液，或80%敌敌畏乳油1 000倍液、25%喹硫磷乳油1 500倍液、4%联苯菊酯乳油500~600倍液等喷雾防治。

喷雾一定要仔细，最好是先喷粉，间隙7~10天再喷雾。

第七章 蔬菜重大病虫害防控技术

第一节 蔬菜主要病害及其防控

一、白粉病

(一) 危害症状

该病主要危害菜薹、芥菜、甘蓝、花椰菜等。主要在叶片、茎、花器上产生白粉状霉层，即分生孢子梗和分生孢子。初为近圆形放射状粉斑，后布满各部，发病轻的病变不明显；发病重的造成叶片褪绿黄化早枯。随病情发展，叶两面布满病斑，至叶片逐渐褪绿黄化，最后萎蔫枯死。

(二) 发生规律

北方主要以闭囊壳随病残体越冬，成为翌年初侵染源。分生孢子借气流传播，孢子萌发后产出侵染丝直接侵入寄主表皮，菌丝体匍匐于寄主叶面不断伸长蔓延，迅速流行。南方全年种植十字花科蔬菜地区，则以菌丝或分生孢子在十字花科蔬菜上辗转危害。一般干旱少雨年份或棚内温暖干燥，植株生长衰弱，或偏施氮肥的地块发病重。

(三) 防控措施

(1) 收获后，彻底清除病残落叶，集中妥善处理，减少菌源。

(2) 施足有机底肥，适当增加磷、钾肥，生长期加强田间水肥管理，增强植株的抗病力。

（3）发病初期进行药剂防治，可选择喷洒15%三唑酮可湿性粉剂、20%三唑酮乳油2 000~2 500倍液、30%固体石硫合剂150倍液、40%多·硫悬浮剂600倍液、2%嘧啶核苷类抗生素水剂或2%武夷菌素（BO-10）水剂150~200倍液，隔7~10天喷1次，防治2~3次。

二、轮纹病

（一）危害症状

苗期、成株期均可发病，多发生在夏秋露地或棚室。初发病时叶上现褐色小点，多呈水渍状，四周组织稍褪绿，有的变黄，后逐渐扩展成不规则形或近椭圆形褐斑，上生同心轮纹，四周具黄晕，后期病斑上长出黑色小粒点，即病原菌的分生孢子器。

（二）发生规律

病菌以分生孢子器随病残体留在土壤中越冬，种子也可带菌。条件适宜时从分生孢子器中释放出分生孢子，通过风雨或灌溉水传播，从气孔或伤口侵入，进行初侵染和多次再侵染，温度18~25℃，相对湿度高于85%易发病。生产上施氮肥过多、栽植过密、湿气滞留发病重。

（三）防控措施

（1）实行2~3年轮作。收获后清洁田园以减少菌源。

（2）播种前种子用52℃温水浸种20分钟或用种子重量0.3%的50%异菌脲或70%甲基硫菌灵可湿性粉剂拌种。

（3）采用配方施肥技术，注意增施磷、钾肥。合理密植，雨后及时排水，防止湿气滞留。

（4）发病初期喷洒20%唑菌酯悬浮剂900倍液、25%戊唑醇可湿性粉剂2 000倍液、70%代森联水分散粒剂600倍液或

50%异菌脲可湿性粉剂800倍液。

三、病毒病

(一) 危害症状

该病主要危害莴苣、生菜等多种蔬菜。在全生育期均可发生，前期发病对产量影响较大。苗期发病，多在长出4片真叶后显症。在叶上出现浅绿或黄白色花叶或斑驳，叶片皱缩歪扭。有时还出现明脉，严重时出现不规则灰色至褐色坏死病斑。成株发病，植株明显矮化，叶片不规则扭卷，严重时细脉变褐，叶面出现许多褐色坏死斑点，植株似缺水状，结球松散或不结球。

(二) 发生规律

此病毒源主要来自邻近田间带毒的莴苣、菠菜等，种子也可直接带毒。种子带毒，苗期即可发病，田间主要通过蚜虫传播，汁液接触摩擦也可传染。桃蚜传毒率最高，萝卜蚜、瓜蚜、大戟长管蚜也可传毒。病害发生和发展与天气直接相关，高温干旱发病较重，一般平均气温18℃以上和长时间缺水，病害发展迅速，病情也较重。

(三) 防控措施

(1) 选用抗病耐热品种，一般散叶型品种较结球品种抗病。

(2) 夏秋种植，采用遮阳网或无纺布覆盖栽培技术。露地种植采用与甜玉米或菜豆间作，改善田间小气候，预防发病。注意适期播种，出苗后勤浇小水，勿过分蹲苗。

(3) 及时防治蚜虫，减少传播，控制病害发生。发病初期可喷洒20%吗胍·乙酸铜可湿性粉剂500倍液，或喷施复合叶面肥，抑制发病，增强寄主抗病力。

四、缩叶病

（一）危害症状

全生育期均可发病。幼株发病对生产影响大，主要发生在幼株上，先在幼嫩叶片、叶柄、茎蔓上产生不定形的小斑点，然后扩展成大小不一的坏死斑，黄褐色或红褐色，后期在病斑表面产生灰白色粉霉状物，即病原菌的分生孢子梗和分生孢子。发病严重的幼芽扭曲，嫩蔓黄萎，叶片卷曲。

（二）发生规律

在田间，病菌先侵染侧根，再侵染到肉质根。土壤偏碱发病重。

（三）防控措施

（1）进行 4~6 年轮作。多施绿肥或生物有机肥，施入土壤添加剂有抑制发病的作用。

（2）选用抗病品种。

（3）严格控制病菌，防止传入未发病田，在 pH 值为 5.0~5.2 时病害受抑制，向土壤中施入硫化物可减少发病。

五、叶枯病

（一）危害症状

叶枯病又称斑枯病、晚疫病。症状包括以下两种。一种是老叶先发病，后传染到新叶上。叶上病斑多散生，大小不等，直径 0.3~1.0 厘米，初为淡褐色油渍状小斑点，后逐渐扩大，中部呈褐色坏死，中间散生少量小黑点；另一种开始不易与前者区别，后中央呈黄白色或灰白色，边缘聚生很多黑色小粒点，病斑外常具一圈黄色晕环，病斑直径不等。叶柄或茎部染病，病斑褐色，长圆形稍凹陷，中部散生黑色小点。

(二) 发生规律

该病为壳针孢属病菌侵染引起的真菌性病害。菌丝体在种皮内或病残体上越冬。播种带菌种子，出苗后即染病，产生分生孢子在育苗畦内传播蔓延。病残体上越冬的病原菌，在适宜的温湿度条件下，借风雨传播。孢子经气孔或穿透表皮侵入，经8天潜育期，病部又产生分生孢子进行再侵染。在冷凉和高湿条件下易发生，气温20~25℃，湿度大时发病重。连阴雨或白天干燥，夜间有雾或露水及温度过高过低，植株衰弱时发病重。

(三) 防控措施

（1）选用无病种子，对种子进行消毒，用50℃温水浸10~15分钟，边浸边搅拌，然后移入冷水中冷却。

（2）保护地栽培要注意降温排湿，昼温控制在15~20℃，高于20℃要及时放风，夜温控制在10~15℃，缩小昼夜温差，减少结露，切忌大水漫灌。

六、软腐病

(一) 危害症状

该病主要危害白菜、甘蓝、花椰菜等十字花科蔬菜。该病从莲座期到包心期均易发病，尤以包心期发病较重。初发病时病株在烈日下表现萎蔫，早晚恢复。随着病情发展，病株整株萎蔫，早晚不能恢复并脱帮，叶球外露，稍摇动即全株倒地。病部由叶基向根茎发展，使茎部腐烂，腐烂的组织呈黏滑软腐状。有的发生心腐，从茎基部向上发生腐烂。在干燥的条件下，腐烂的病叶经日晒逐渐失水变干，呈薄纸状，紧贴叶球。腐烂处均产生硫化氢恶臭味，为本病重要特征，别于黑腐病。

(二) 发生规律

病菌主要在病株或土壤堆肥中的病残体上越冬。通过雨水、灌溉水、带菌肥料、昆虫传播，由自然裂口或虫伤口等侵入，重复侵染。病菌生长发育温度为 2~40℃，致死温度为 50℃。生长后期高温多雨、病虫及人为造成的伤口多或花球内长时间积水，病害发生较重。地势低洼、积水、管理粗放，或前茬作物残体未彻底清除就整地种植，病害发生严重。

(三) 防控措施

（1）高畦栽培，畦面龟背形，避免积水。

（2）加强肥水管理，注意采用充分腐熟的粪肥作基肥，如天气比较干燥则用清水肥浇灌，浇灌时只灌畦面不接触心叶，忌大水漫灌，只能小水开沟浸灌。

（3）间种葱蒜韭菜等作物。

（4）彻底防治传病害虫，特别是加强对菜蛾、菜粉蝶、黄条跳甲的防治，治虫工作做得好的菜区，病害少。

（5）化学预防。可用 6%寡糖·链蛋白可湿性粉剂 75~100 克/亩或 20%噻森铜悬浮剂 120~200 毫升/亩，隔 7~10 天喷 1 次，共喷 2~3 次，可兼治病毒病、枯萎病等，还可使用 5%大蒜素微乳剂 60~80 克/亩、2%春雷霉素可湿性粉剂 100~150 克/亩。

七、立枯病

(一) 危害症状

该病为幼苗病害，主要危害叶菜类、番茄、茄子、辣椒、黄瓜、豆类等多种蔬菜幼苗。立枯病多发生在育苗的中后期，刚出土的幼苗亦可发病。受害幼苗基部产生椭圆形暗褐色病斑，并有轮纹，病苗茎基变褐，后病部收缩，茎叶萎垂枯死。湿度大时可看到淡褐色蛛丝状霉，但不显著。稍大的幼苗白天萎蔫，夜间恢复，病斑逐渐凹陷，病斑逐渐扩大后可绕茎一周，甚至木质部外露，最后病部收缩干枯，叶片萎蔫，不能恢复原状，幼苗干枯死亡，但不呈猝倒状。病部不长白色棉絮状霉。

(二) 发生规律

立枯病菌以菌丝体或菌核在土壤中或病组织上越冬，腐生性较强，一般在土壤中可存活2~3年。在适宜的环境条件下，病菌从伤口或表皮直接侵入幼茎、根部而引起发病。此外还可通过雨水、灌溉水、农具以及带菌的堆肥传播危害。

(三) 防控措施

(1) 选择地势高、干燥的地块育苗。

(2) 30%噁霉灵水剂2 000~2 500倍液苗床喷雾，或用35%甲霜·福美双可湿性粉剂150~200克/亩拌苗床土。生长期发病时，用30%甲霜·噁霉灵水剂500~800倍液喷雾。

八、白斑病

(一) 危害症状

该病主要危害白菜、甘蓝、花椰菜、萝卜等多种蔬菜。发病初期在叶片上散生灰白色圆形病斑，后扩大成浅灰色圆形至近圆形斑，病斑周缘有时有晕环。叶背病斑周缘多不明显，随病情发展病斑两面呈现不明显轮纹。空气潮湿时，病斑背面产生灰白色绒状霉层，即病菌的分生孢子梗和分生孢子。病情严重时，多个病斑连接成片，终致叶片枯死，病斑一般不穿孔。叶柄染病，多形成近椭圆形斑，灰白至灰褐色，边缘模糊，呈放射状，病斑表面色泽不均，凹凸不平，湿度大时病部呈水渍状坏死腐烂。

(二) 发生规律

病菌主要以菌丝随病残体组织越冬。翌年条件适宜时产生分生孢子通过浇水或降雨飞溅形成初侵染，发病后产生分生孢子借风雨传播进行多次再侵染。病菌对温度要求不严格，5~28℃下均可发病，以11~23℃较适宜。旬均温23℃左右，相对湿度高于62%，降水量达16毫米以上，雨后12~16天即开始发病。生长期低温多雨或在梅雨季后，发病普遍。此外，一般土壤黏重、地势低洼、种植期正逢雨季或与十字花科蔬菜连作，发病严重。

（三）防控措施

（1）平整土地，重病区实行与非白菜类蔬菜2~3年轮作。

（2）避开雨季适期栽种，增施底肥，生长期加强管理，避免田间积水。

（3）发病初期进行药剂防治，可选用50%多菌灵可湿性粉剂600~800倍液，或40%氟硅唑乳油6 000~8 000倍液，或70%甲基硫菌灵500~600倍液，或80%代森锰锌可湿性粉剂500~600倍液，或40%多·硫悬浮剂500~600倍液，或2%春雷霉素水剂600~800倍液喷雾，10~15天防治1次，根据病情防治1~3次。

九、黑斑病

（一）危害症状

可危害白菜、甘蓝、花椰菜、芥菜、萝卜等。主要危害叶片和叶柄。叶片染病，多从外叶开始，初生近圆形褪绿斑，后逐渐扩大成灰褐色圆斑，有明显的同心轮纹，病斑周围有时有黄色晕环。在高温高湿条件下病部穿孔，发病严重时，病斑汇合成大的斑块，致半叶或整叶枯死，病斑上着生黑色霉状物。茎和叶柄上病斑呈纵条形，其上产生黑色霉状物。

（二）发生规律

病菌主要以菌丝体及分生孢子在病残体上、土壤中以及种子表面越冬，翌年产生孢子从气孔或直接穿透表皮侵入。南方以分生孢子在十字花科蔬菜上辗转侵害，周年均可发生，无明显越冬期。分生孢子借风雨传播，萌发产生芽管，从寄主气孔或表皮直接侵入。环境条件适宜时，病斑上能产生大量的分生孢子进行重复侵染，扩大蔓延危害。发病适宜温度 11.8 ~ 19.2℃，相对湿度 72% ~ 85%，多雨高湿及温度偏低发病早而重。

(三) 防控措施

(1) 选用适合的抗病品种；与非十字花科蔬菜轮作 2 ~ 3 年；施足基肥，增施磷、钾肥，提高菜株抗病力。

(2) 在发病前或发病初期，每亩可选用 68.75% 噁酮·锰锌水分散粒剂 45 ~ 75 克，或 10% 苯醚甲环唑水分散粒剂 35 ~ 50 克，或 43% 戊唑醇悬浮剂 15 ~ 18 毫升，或 2% 嘧啶核苷类抗生素水剂 200 倍液，均匀喷雾，隔 7 ~ 10 天防治 1 次，连续防治 2 ~ 3 次。

十、根肿病

(一) 危害症状

该病主要危害白菜、甘蓝、花椰菜等。只危害植株根部，幼苗或成株期均可受害。病株根部肿大呈瘤状，其形状大小受着生部位影响较大，主根上的瘤多靠近上部，球形或近球形，侧根上的瘤多呈圆筒形，手指状；须根上的瘤数目可多达 20 余个，并串生在一起。病株生长迟缓，叶色变淡，在晴天中午凋萎下垂，早晚恢复，后期外叶发黄枯萎，有时全株枯死。发病后期，病瘤龟裂、粗糙，易被软腐细菌等侵染，造成组织腐烂或崩溃，散发臭气，致整株死亡。

(二) 发生规律

病菌以休眠孢子囊在土壤中或黏附在种子上越冬，并可在土中存活 10 ~ 15 年。孢子囊借雨、灌溉水、害虫及农事操作等传播，萌发产生游动孢子侵入寄主，10 天左右根部长出肿瘤。病菌在 9 ~ 30℃均可发育，适宜相对湿度为 50% ~ 98%。适宜 pH

值为 6.2，pH 值大于 7.2 发病少。一般低洼及水改旱田后或氧化钙（CaO）不足发病重。

（三）防控措施

（1）与非十字花科蔬菜实行 3 年以上轮作，避免在低洼积水地或酸性土壤中种植白菜；采用无病土育苗或播前用福尔马林消毒苗床；改良定植田的土壤，结合整地在酸性土壤中每亩施消石灰 60~100 千克，进行表土浅翻，定植前在畦面或定植穴内浇 2%石灰水，减少根肿病发生，或发病初期用 15%石灰乳灌根，每株 0.3~0.5 升，也可以减轻危害。加强栽培管理，在白菜生长期适时浇水追肥，中耕除草，提高植株抗病能力。

（2）在发病初期拔除病株，在病穴四周撒石灰，或用 50%氟啶胺悬浮剂每亩 267~333 毫升，兑水 60~100 升均匀喷雾于土壤表面。

第二节　蔬菜主要害虫及其防控

一、小菜蛾

（一）危害症状

小菜蛾属鳞翅目菜蛾科，主要危害甘蓝、芥菜、花椰菜、白菜、油菜、萝卜等十字花科植物。以幼虫啃食蔬菜叶片，初龄幼虫仅取食叶肉，留下表皮，在菜叶上形成一个个透明的斑，俗称"开天窗"；3~4 龄幼虫可将菜叶食成孔洞和缺刻，严重时全叶被吃成网状，重则仅剩叶脉，影响植株生长发育和包心，造成减产。虫粪污染球茎，降低商品价值。在苗期常集中心叶危害，影响包心。在留种株上，危害嫩茎、幼荚和籽粒。危害白菜时，可导致软腐病的发生。

(二) 发生规律

幼虫很活泼,遇惊扰即扭动、倒退或翻滚落下。幼虫、蛹、成虫各种虫态均可越冬、越夏,无滞育现象。全年发生危害明显呈两次高峰,第一次在5月中旬至6月下旬;第二次在8月下旬至10月下旬(正值十字花科蔬菜大面积栽培季节)。一般年份秋害重于春害。小菜蛾的发育适温为20~30℃,在两个盛发期内完成1代约需20天。

全国各地普遍发生,1年发生4~19代不等。在北方4~5代,长江流域9~14代,华南地区17代,台湾地区18~19代。在北方以蛹在残株落叶、杂草丛中越冬;在南方终年可见各虫态,无越冬现象。全年内危害盛期因地区不同而不同,东北、华北地区以5—6月和8—9月危害严重,且春季重于秋季。在新疆则7—8月危害最重。在南方3—6月和8—11月是发生盛期,而且秋季重于春季。成虫昼伏夜出,白天多隐藏在植株丛内,日落后开始活动。有趋光性,19:00—23:00是扑灯的高峰期。成虫羽化后很快即能交配,交配的雌蛾当晚即产卵。雌虫寿命较长,产卵历期也长,尤其越冬代成虫产卵期可长于下一代幼虫期。因此,世代重叠严重。每头雌虫平均产卵200余粒,多的可达600粒。卵散产,偶尔3~5粒产在一起。此虫喜干旱条件,潮湿多雨对其发育不利。此外若十字花科蔬菜栽培面积大、连续种植,或管理粗放都有利于此虫发生。在适宜条件下,卵期3~11天,幼虫期12~27天,蛹期8~14天。

(三) 防控措施

(1) 农业防治。合理布局,尽量避免十字花科蔬菜连作,夏季停种过渡寄主,均可减轻危害。收获后及时清洁田园可减少虫源。

(2) 物理防治。采用性诱剂诱杀,每个诱芯含人工合成性诱剂,用铁丝穿吊在诱蛾水盆上方,盆中加入适量洗衣粉,每盆距离 100 米。也可用高压汞灯诱杀成虫。

（3）生物防治。可选用 16 000 国际单位/毫克苏云金杆菌可湿性粉剂 800~1 000 倍液喷雾防治。

（4）化学防治。药剂防治必须掌握在幼虫 3 龄前。该虫极易产生抗性，应该用不同类型的药剂交替使用。可供选择的药剂有：10%三氟甲吡醚乳油 1 500~2 000 倍液、2.5%阿维·氟铃脲乳油 2 000~3 000 倍液、5%氟啶脲乳油 1 500~2 000 倍液、5%多杀霉素悬浮剂 3 000~4 000 倍液、0:3%印楝素乳油 800~1 000 倍液、25%丁醚脲乳油 800~1 000 倍液、5%氯虫苯甲酰胺悬浮剂 2 000~3 000 倍液、15%茚虫威乳油 3 000~3 500 倍液、22%氰氟虫腙悬浮剂 1 500~2 000 倍液、2%苦参碱水剂 2 500~3 000 倍液。

二、斑潜蝇类

（一）危害症状

危害叶菜类蔬菜的斑潜蝇主要有美洲斑潜蝇和南美斑潜蝇，寄主植物达 110 余种，其中，以葫芦科、茄科和豆科植物受害最重。成虫吸取植株叶片汁液；卵产于植物叶片叶肉中；初孵幼虫潜食叶肉，主要取食栅栏组织，并形成隧道，隧道端部略膨大；老龄幼虫咬破隧道的上表皮爬出隧道外化蛹。主要随寄主植物的叶片、茎蔓的调运而传播。

（二）发生规律

南方 1 年可发生 14~17 代。世代周期随温度变化而变化。15℃时约 54 天；20℃时约 16 天；30℃时约 12 天。成虫具有趋光、趋绿和趋化的特性，对黄色趋性更强。有一定的飞翔能力。斑潜蝇都以幼虫和成虫危害叶片，美洲斑潜蝇以幼虫取食叶片正面叶肉，形成先细后宽的蛇形弯曲或蛇形盘绕虫道，其内有交替排列整齐的黑色虫粪，老虫道后期呈棕色的干斑块区，一般1虫1道，1头老熟幼虫1天可潜食3厘米左右。南美斑潜蝇的幼虫主要取食背面叶肉，多从主脉基部开始危害，形成弯曲较宽（1.5~2.0毫米）的虫道，虫道沿叶脉伸展，但不受叶脉限制，若干虫道连成一片形成取食斑，后期变枯黄。两种斑潜蝇成虫危害基本相似，在叶片正面取食和产卵，刺伤叶片细胞，形成针尖大小的近圆形刺伤孔，初期呈浅绿色，后变白，肉眼可见。幼虫和成虫的危害可导致幼苗全株死亡，造成缺苗断垄；成株受害，可加速叶片脱落，引起果实日灼，造成减产。幼虫和成虫通过取食还可传播病害，特别是传播某些病毒病，降低叶菜类蔬菜食用价值。

（三）防控措施

1. 植物检疫

美洲斑潜蝇在国内分布虽广，但仍存在保护区。美洲斑潜蝇的卵、幼虫能随寄主叶片作远距离传播，因此要加强虫情监测和进行严格的检疫，特别应重视在蔬菜集中产区、南菜北运基地、瓜菜调运集散地、花卉产地等地实施严格检疫，防止该虫蔓延危害。

2. 农业防治

摘除虫叶：当虫量极少时，捏杀叶内活动的幼虫，或结合栽培管理，人工摘除呈白纸状的被害叶。化蛹高峰（50%）后1~2天内收集清除叶面及地面上的蛹，集中销毁。

培育无虫苗：在育苗或定植前，每公顷用硫黄粉22.5千克、80%敌敌畏乳油7.5千克、锯末90千克，将其混合后，分多处点燃，熏杀棚室内虫源。通风口用20~25目尼龙纱网罩住，并应深翻土壤，埋掉土面上的蛹粒，使之不能羽化。幼苗定植前的苗床要集中施药防虫。

清洁田园：蔬菜收获后，及时彻底清除棚室内有虫的残枝落叶及田园和周边杂草，并作为高温堆肥的材料或销毁、深埋。

合理布局：一方面要避免嗜好寄主植物大面积连片种植，扩大非嗜好作物的种植面积；另一方面在非嗜好作物的田边或田间套种几行嗜好作物作为诱虫带，集中防虫。此外还应注意嗜食性寄主与非寄主或劣食性寄主的轮作。如苦瓜、葱、大蒜、萝卜、韭菜、甘蓝、菠菜等。

3. 物理防治

低温冷冻：在冬季11月以后到育苗之前，将棚室敞开，或昼夜大通风，使棚室在低温环境中自然冷冻7~10天，可消灭越冬虫源。

高温闷棚：夏季高温期，在上茬作物收获完后，先不清除残株，将棚室全部密闭，昼夜闷棚7~10天，棚室内温度在晴天白天可达60℃以上，可杀死大量虫源，之后再清除棚内残株。

黄板诱杀：利用斑潜蝇的趋黄性，制作20厘米×30厘米的黄板，涂抹机油或黏虫液，在棚室内每隔2~3米挂一块，保持黄板的悬挂高度始终在作物顶上20~30厘米处，并定期涂机油保持黄板黏性。也可用灭蝇纸条诱杀成虫。

4. 生物防治

斑潜蝇天敌达17种，其中以幼虫期寄生蜂效果最佳。此外还有捕食性天敌可取食斑潜蝇的幼虫和卵。因此应适当控制施药次数，选择对天敌无伤害或杀伤性小的药剂，保护寄生蜂的种群数量，这是控制斑潜蝇最经济有效的措施。

5. 化学防治

烟剂熏杀成虫：在棚室虫量发生数量大时，用10%敌敌畏烟剂熏杀，7天左右防治1次，连续用2~3次。

叶面喷雾杀幼虫：要掌握好羽化高峰期进行喷药，时间宜在8:00—11:00，在1—2龄幼虫盛发期（即虫道长度在2.2厘米以下时），顺着植株从上往下喷，以防成虫逃逸。尤其要注意叶片正面的着药和药液的均匀分布（若是南美斑潜蝇则需对叶片正反两面进行喷雾,而蚜虫、白粉虱则应从下往上喷叶片背面)。每隔7天左右喷药1次,连续喷药2~3次。

三、蚜虫

(一)危害症状

蚜虫主要危害白菜、萝卜、芥蓝、菜薹、抱子甘蓝、羽衣甘蓝等十字花科蔬菜。蚜虫群集在叶片背面和嫩茎上,以刺吸式口器吸食植物汁液,使叶片变黄、卷曲,严重影响叶片光合作用,致使叶片提早干枯死亡。植株不能正常抽薹、开花、结实。蚜虫危害时,排出大量水分和蜜露,滴落在下部叶片上,引起煤污病发生,使叶片生理机能受到阻碍,减少干物质的积累。由于迁飞扩散寻找寄主植物时要反复转移采食,所以可传播许多种植物病毒。

(二)发生规律

蚜虫可进行孤雌生殖,各地1年发生代数不同,1年发生25~30代,以9—11月危害蔬菜最严重。冬天常见成虫和若虫继续取食和繁殖,每头雌蚜一生可胎生幼蚜50~85头。若虫、成虫集中在十字花科蔬菜幼苗上及菜株嫩叶、嫩茎和近地面的叶片背面刺吸汁液,使叶片略向背面皱缩变黄,受害严重时则整株叶片枯萎,甚至塌地。尤以叶上多毛、少蜡质的蔬菜如萝卜、白菜等受害较重。当被害蔬菜衰老、生长不良时,产生有翅胎生蚜,借风力迁移传播,转株危害。在夏、秋季节,常与桃蚜在蔬菜上混合发生,它们都是白菜花叶病的传播媒介。蚜虫生长最适宜温度为15~26℃,适宜相对湿度在70%以上。

(三)防控措施

1. 农业防治

根据保护地蔬菜品种布局,优先选用适合当地市场需求的丰产、优质、抗虫和耐虫品种。合理安排茬口,避免连作,实行轮作和间作。清除田间杂物和杂草，及时摘除蔬菜作物老叶和被害叶片。对已收获的瓜果蔬菜或因虫毁苗的作物残体要尽早清理，集中堆积后喷药灭杀，或者集中烧毁，减少虫源。育苗时要把苗床和生产温室分开，育苗前先彻底消毒，幼苗上有虫时在定植前要清理干净。

2. 物理防治

黄板诱杀：利用蚜虫的趋黄性，在大棚内挂黄板诱杀，可以用废纸盒或纸箱剪成 30 厘米×40 厘米大小，漆成黄色，晾干后涂上机油与少量黄油调成的油膏挂在大棚内，下边距作物顶部 10 厘米，每 100 米大棚挂 8 块左右，每隔 7~10 天涂 1 次机油。

银灰膜避蚜：蚜虫对不同颜色的趋性差异很大，银灰色对传毒蚜虫有较好的忌避作用。可在棚内悬挂银灰色塑料条，也可用银灰色地膜覆盖蔬菜防治蚜虫，可在蔬菜播种后搭架覆盖银灰色塑料薄膜，覆盖 18 天左右揭膜，避蚜效果可达 80% 以上，可减少用药 1~2 次，同时早春或晚秋覆膜还起到增温保温作用。

安装防虫网：保护地的放风口、通风口可用 40~50 目的防虫网阻隔蚜虫迁入。

3. 生物防治

充分利用和保护天敌消灭蚜虫。蚜虫的天敌种类有很多，主要有捕食性和寄生性两类。捕食性天敌主要有瓢虫、食蚜蝇、草蛉、小花蝽等；寄生性天敌有蚜茧蜂、蚜小蜂等，还有微生物类的蚜霉菌等。因此，在生产中对它们应注意保护并加以利用，使蚜虫的种群控制在不足以造成危害的数量之内。

4. 化学防治

洗衣粉灭蚜：洗衣粉的主要成分是十二烷基苯磺酸钠，对蚜虫有较强的触杀作用，用 400~500 倍液喷 2 次，防治效果在

95%以上。若将洗衣粉、尿素、水按 0.2：0.1：100 的比例搅拌混合，喷洒受害植株，可获得灭虫施肥一举两得的效果。

烟草石灰水溶液灭蚜：用烟叶 0.5 千克，生石灰 0.5 千克，肥皂少许，加水 30 千克，浸泡 48 小时过滤，取液喷洒，效果显著。

熏蒸灭蚜：选在傍晚棚温 25℃ 以上时，闭棚熏蒸。保护地可用 22% 敌敌畏烟剂，每公顷 7 500 克密闭熏烟，农药残留少。也可选用 80% 敌敌畏乳油配 2.5% 溴氰菊酯乳油，每公顷分别用 3 750 毫升和 300 毫升。

喷雾防治：为提高防效，隔 7 天左右喷 1 次，连续防治 2~3 次，不同药剂轮换使用。发生盛期每 5~7 天防治 1 次，连续数次，完全控制虫口密度为止。施药时间以 6:00—7:00 为宜。因为此时温度较低，蚜虫活动不太频繁。施药时应注意着重喷洒叶片背面、嫩茎等部位，从上至下逐步喷洒，可使用高效低毒的药剂，如氰戊菊酯、溴氰菊酯、高效氟氯氰菊酯、氰戊菊酯·马拉硫磷、氰戊菊酯·辛硫磷、抗蚜威、吡虫啉等。

四、烟粉虱

（一）危害症状

烟粉虱属同翅目粉虱科，俗称小白蛾，危害多种蔬菜如番茄、黄瓜、西葫芦、茄子、豆类、十字花科蔬菜以及果树、花卉、棉花等作物，还能寄生于多种杂草上。以成虫、若虫刺吸植株汁液危害，造成植株长势衰弱，产量和品质下降，甚至整株死亡，并可传播 30 种植物上的 70 多种病毒病，还分泌蜜露，造成严重的煤污病，使蔬菜失去商品价值。

（二）发生规律

烟粉虱对不同的植物表现出不同的危害状，叶菜类如甘蓝、花椰菜受害叶片萎缩、黄化、枯萎；根菜类如萝卜受害表现为颜色白化、无味、重量减轻；果菜类如番茄受害，果实成熟不均匀。烟粉虱有多种生物型。据在棉花、大豆等作物上的调查，烟粉虱在寄主植株上的分布有逐渐由中下部向上部转移的趋势，成虫主要集中在下部，从下到上，卵及1~2龄若虫的数量逐渐增多，3~4龄若虫及蛹壳的数量逐渐减少。

（三）防控措施

1. 农业防治

烟粉虱喜欢取食叶片背面绒毛较为丰富的作物，如大豆、棉花、瓜类等，而不喜食叶片光滑、无毛的植物，如芹菜、生菜、韭菜等。因此，可在虫源田附近栽培烟粉虱不喜食的蔬菜品种，从越冬环节、扩散环节等切断烟粉虱的自然生活史。大棚内避免黄瓜、番茄、西葫芦混栽，提倡与芹菜、葱、蒜接茬，做到在栽培农艺上控虫。

种植前和收获后要清除田间杂草及残枝落叶（并做好棚室的熏杀残虫工作）；及时整枝打杈，摘除有虫的老叶、黄叶，加以销毁。

苗床与生产地（大棚、温室）要分开；对培育的或引进的秧苗要严格检查，防止有虫苗进入生产地。

2. 物理防治

利用烟粉虱对黄色有强烈趋性的特点，在棚室内设置黄板诱杀成虫（每亩放置30厘米×20厘米黄色板8~10块）。于烟粉虱发生初期（尤其在大棚揭膜前），将黄板涂上机油黏剂（一般7天重涂1次），均匀悬挂在作物上方，黄板底部与植株顶端相平或略高些。利用烟粉虱对银灰色有驱避性的特点，可用银灰色驱虫网作门帘，防止秋季烟粉虱进入大棚和春季迁出大棚。

3. 生物防治

丽蚜小蜂是烟粉虱的有效天敌，许多国家通过释放该蜂，并配合使用高效、低毒、对天敌较安全的杀虫剂，有效地控制烟粉虱的大发生。在我国推荐使用方法如下：在保护地番茄或黄瓜上，作物定植后，即挂诱虫黄板监测，发现烟粉虱成虫后，每天调查植株叶片，当平均每株有烟粉虱成虫0.5头左右时，即可第一次放蜂，每隔7~10天放蜂1次，连续放3~5次，放蜂量以蜂虫比为3:1为宜。放蜂的保护地要求白天温度能达到20~35℃，夜间温度不低于15℃，具有充足的光照。可以在蜂处于蛹期时（也称黑蛹）释放，也可以在蜂羽化后直接释放成虫。如放黑蛹，只要将蜂卡剪成小块置于植株上即可。

4. 化学防治

作物定植后，应定期检查，当虫口较高时（黄瓜上部叶片每叶50~60头成虫，番茄上部叶片每叶5~10头成虫作为防治指标），要及时进行药剂防治。每亩可用75克/升阿维菌素·双丙环虫酯可分散液剂10~30毫升、40%噻嗪酮悬浮剂20~25毫升、40%螺虫乙酯悬浮剂12~18毫升、50%噻虫胺水分散粒剂6~8克等。此外，在密闭的大棚内可用敌敌畏等熏蒸剂按推荐剂量杀虫。

第八章 粮食安全概述

第一节 粮食安全的内涵

一、粮食安全的概念

粮食安全的概念最早可以追溯至 20 世纪 70 年代。1973 年，全球性的粮食危机愈演愈烈，在此背景下，联合国粮食及农业组织（FAO）先后于 1973 年和 1974 年召开"世界粮食大会"，重点讨论如何应对世界粮食供应的变化。"粮食安全"的概念也由此产生。

FAO 最早提出粮食安全这个概念，认为粮食安全是"保证任何人在任何时候，都能够得到为了生存和健康所需的足够食品"。1983 年，FAO 将粮食安全的内涵扩展为"确保所有人在任何时候，都能买到且买得起所需的基本食品"；1996 年，进一步拓展为"让所有人在任何时候都能享受到充足的粮食，过上健康、富有朝气的生活"；2001 年，再次丰富为"所有粮食需求者在任何时间都能在物质层面、经济层面和社会层面上获取数量充足、质量安全以及富含营养的食物，进而满足民众对健康生活的饮食需求和民众对食物的偏好需求"，此时，粮食安全的概念已经从"吃得饱"转向"吃得好"。

国内学者对于粮食安全也有各种认识，认为粮食安全与能源安全和金融安全共同构成三大经济安全，应当能够保障粮食在数量、品种结构、营养物质等多方面达到相应的要求，质量安全同样也是不可或缺的部分。新形势下，粮食安全的核心要义是端牢中国人的饭碗，饭碗里主要装中国粮。随着居民生活水平的提升，牛羊肉、鸡蛋等其他畜禽产品，以及水产品等也逐步进入重要农产品范畴，从保障粮食安全向保障重要农产品供给安全发展是城乡居民食物消费发生结构性转变的必然要求。

二、粮食安全的新内涵

现阶段是基本实现我国农业现代化的发展关键期，也是我国粮食安全保障能力从自给自足到面向全球整合资源的战略转变期，其间既存在新的风险，也面临新的机遇。在我国对外开放程度不断加深、消费结构持续升级的背景下，应以更加开放积极的思维和全球化视野，重新审视粮食安全问题，力争早日实现从数量型保障向质量型满足和能力型提升的转变。

从确保数量、质量和能力三个维度来看，粮食安全的内涵主要包括三个层次。

第一层次是数量型安全，这是基于粮食维持人类生存的基本功能而提出的。民以食为天，吃饭是人类最基本的生存需求，只有满足了这个基本需求后，人们才能有精力从事其他生产活动。对我国而言，确保数量型安全，就是要确保主粮数量的有效供给，稳定粮食生产，实现谷物基本自给、口粮绝对安全，这是我国确保粮食安全的最基本要求，也是实现更高层次粮食安全的基础和前提。同时，要树立大食物观，向耕地、草原、森林、海洋和植物、动物、微生物要热量、要蛋白，全方位多途径开发食物资源。虽然，目前我国数量型安全保障能力较强、保障水平较高，但仍不能掉以轻心。

第二层次是质量型安全，这是基于粮食提升生活品质的社会功能而提出的。对我国而言，确保质量型安全，就是要更好地满足人民群众对农产品安全性、多样性、便利性的更高要求，顺应人民群众食物结构变化趋势，在确保粮食质量和供给结构不断提升的同时，保障肉类、蔬菜、水果、水产品等各类食物的有效供给，实现从"吃得饱"向"吃得健康、吃得安全"的跃升。这是进入全面建成小康社会后，对粮食安全赋予的更高要求，也是人民群众最关心的民生问题之一。

第三层次是能力型安全，这是基于粮食作为大国博弈物资的战略功能而提出的更高层次要求。对我国而言，确保能力型安全，就是要在对外开放水平不断提升的背景下，有效提升我国农业竞争能力，并增强对全球农业资源和市场的影响力和掌控力。一方面，进一步提升对国际农产品市场价格的影响力和话语权，增强我国在国际农产品资本市场上的地位和作用；另一方面，不断提升国内农业竞争能力，并通过有效的"走出去"和"引进来"，在全球范围建构我国粮食生产、加工、存储、运输和贸易全链条的内外联通农业大循环体系，实现从被动安全向主动安全转变。这既是对我国粮食安全保障工作提出的更高要求，也是2035年我国基本实现农业现代化目标面临的主要挑战和亟待补齐的发展短板。

第二节 粮食安全的关键意义

一直以来，中国就将粮食安全作为固国之本，是事关国家长治久安的大事。党的十八大以来，以习近平同志为核心的党中央始终将粮食安全问题作为治国理政的头等大事，高屋建瓴地提出了新时期国家粮食安全的新战略，并形成了"饭碗论""底线论"等一系列理论创新，走出了一条具有中国特色的粮食安全之路。只有保障粮食安全，才能稳定社会秩序，才能得到最广大农民阶层的拥护与支持。保障粮食安全，是党进一步提升民生福祉，迈向社会主义现代化和全面建成小康社会的重要支撑。

一、增进民生福祉

粮食,作为一种特殊的商品,是人类生存和发展最基础、最关键的生活资料,在维护人民的生活水平方面发挥着无可替代的重要作用。一个国家的粮食供应状况,犹如一面镜子,清晰地反映出其人民生活的质量和幸福感的高低。

当一个国家的粮食供应充足且稳定时,人民的基本生活需求能够得到切实的满足。他们无需担忧下一顿饭是否有着落,能够安心地从事工作、学习和娱乐活动。在这样的环境中,人们能够享受到更为安稳和舒适的生活。家庭可以更加从容地规划饮食,为家人提供营养均衡的膳食,保障家庭成员的身体健康。孩子们能够茁壮成长,接受良好的教育,为未来的发展打下坚实的基础。老年人能够安享晚年,不必为粮食短缺而焦虑。

充足的粮食供应还为人们提供了更多的饮食选择。人们可以品尝到各种各样的美食,丰富自己的生活。同时,稳定的粮食供应也有助于稳定物价,降低生活成本,使人们能够将更多的资金用于其他方面的消费,如改善居住条件、购买文化产品、提升教育水平等,从而进一步提高生活质量。此外,粮食的充足供应对于社会的和谐与稳定也具有积极的促进作用。当人们的基本生活需求得到满足,社会的凝聚力和向心力会增强,人们会更加积极地参与社会建设,为社会的发展贡献自己的力量。

二、维护社会稳定

中国悠久的历史实践深刻地揭示了一个真理:农为邦本,农业安则天下安。农业,作为国家的根基产业,对于一个国家的安定团结具有基石般的关键作用。只有切实保障粮食安全,社会生产关系才能与生产力的发展相适应,从而有力地推动社会不断向前迈进。

纵观历史长河,众多社会动荡和冲突的背后,往往都能看到粮食短缺或价格过高这一重要因素的影子。当粮食供应严重不足时，饥饿和贫困便如影随形，人们的基本生存权利受到威胁。在这种情况下，人们可能会因为无法忍受饥饿和贫困而产生强烈的不满情绪。这种不满情绪如果得不到及时有效的缓解和解决，很容易进一步升级，甚至引发大规模的社会动荡。

因此，确保粮食供应的稳定性和可预测性，成为预防社会不稳定和冲突的核心关键所在。稳定的粮食供应能够给予人们安全感和信心，让他们相信自己的基本生活需求能够得到保障，从而减少社会不安定因素的滋生。同时，合理的粮食价格政策和公平的分配机制也是维护社会稳定和公正的重要基石。

合理的粮食价格政策能够确保粮食价格在一个合理的范围内波动，既保障农民的利益，激励他们积极从事粮食生产，又不会给消费者带来过大的经济负担。公平的分配机制则能够确保粮食资源在社会各个阶层和群体中得到合理的分配，避免出现部分人粮食充裕而另一部分人却食不果腹的极端不公平现象。只有当粮食价格稳定、分配公平，社会的稳定和公正才能得到有效的维护，人民才能安居乐业，国家才能长治久安。

三、促进经济发展

粮食产业绝非仅仅局限于农业生产这一单一环节，而是涵盖了食品加工、储存、运输和销售等众多相互关联的环节，共同构成了推动国家经济发展的强大动力源泉。

通过不断提高农业生产效率，采用现代化的种植技术、科学的管理方法以及先进的农业机械装备，能够在有限的土地上产出更多的粮食，从而增加农业的总产值。优化粮食产业结构，根据市场需求和资源条件，合理调整粮食种植的品种和规模，发展特色农业和优质农产品，能够提高粮食产业的市场竞争力和附加值。大力发展农业科技和创新，研发高产优质的粮食品种、创新农业生产技术和管理模式，能够为粮食产业的可持续发展注入源源不断的动力。

这些举措不仅能够促进农业本身产值的显著增长，还能够带动相关产业的蓬勃发展。食品加工业能够将粮食转化为丰富多样的食品产品，增加产品的附加值；粮食储存和运输业能够确保粮食的安全储存和高效运输，降低损耗和成本；粮食销售业能够搭建起生产者与消费者之间的桥梁，促进粮食的流通和消费。同时，粮食产业的发展还能够提高农民的收入水平，激发他们的生产积极性，进一步推动农村经济的繁荣。

此外，粮食出口在一定程度上也可以为国家带来可观的外汇收入，增强国家的经济实力。通过出口优质的粮食产品，能够在国际市场上树立国家的品牌形象，提升国际竞争力，促进国际贸易的平衡发展，为国家经济的持续增长提供有力的支撑。

四、保障国家安全

粮食安全作为国家安全体系中不可或缺的重要组成部分，具有极其深远的战略意义。一个国家的粮食自给能力，犹如一道坚固的防线，直接决定了其在面对外部风险时的抵御能力和战略主动性。

如果一个国家过度依赖粮食进口，就如同将自己的粮食命脉置于他人之手。在国际市场上，粮食价格常常受到多种因素的影响而剧烈波动，如气候变化、政治局势、贸易争端等。当价格大幅上涨时，进口成本会急剧增加，给国家的财政带来沉重负担。同时，粮食供应的稳定性也难以得到有效保障，一旦主要的粮食出口国由于各种原因减少或中断供应，进口国将面临粮食短缺的严峻挑战。

此外，在国际政治舞台上，粮食也可能成为某些外部势力施加压力、进行威胁的工具。他们可能通过控制粮食出口来实现其政治、经济或战略目标，从而对过度依赖进口的国家造成严重的影响。因此，保障粮食安全，努力提高粮食自给率，是确保国家独立自主和安全的根本性战略措施。

只有当一个国家具备强大的粮食自给能力,能够在满足国内需求的基础上拥有一定的储备和调控能力,才能在复杂多变的国际形势下保持战略定力,维护国家的主权和尊严,保障人民的福祉和社会的稳定发展。

第三节 中国粮食安全的长期战略规划

党的十八大以来,党中央把粮食安全作为治国理政的头等大事,提出"谷物基本自给、口粮绝对安全"的新粮食安全观,实施"以我为主、立足国内、确保产能、适度进口、科技支撑"的国家粮食安全战略,为新时代牢牢端稳"中国饭碗"、牢牢把住粮食安全主动权指明了战略方向、提供了根本遵循。

一、树立新粮食安全观

(一)新粮食安全观的内涵

新粮食安全观是谷物基本自给、口粮绝对安全。

谷物基本自给,就是要保持谷物自给率在95%以上;口粮绝对安全,就是谷物当中的水稻和小麦的自给率要基本达到100%。这是我国粮食安全的底线,是保障国家粮食安全的硬指标。要实现这两个目标,稳定粮食播种面积是基础。我国约60%的人以稻米为主食,约40%的人以面食为主食。同时,由于耕地资源有限,也需要合理配置资源,优先保障谷物生产。

(二)新粮食安全观的重要意义

新粮食安全观是以人民为中心的发展思想最直接、最根本的体现。14亿多人口的吃饭问题是中国最大的民生,也是中国最大的国情。坚持以人民为中心的发展思想,必须从根本上解决好14亿多人口吃饭这个最大的民生问题,为不断把人民对美好生活的向往变为现实奠定坚实基础。以习近平同志为核心的党中央坚持人民至上，把解决吃饭问题作为治国理政的头等大事，将保障国家安全作为保障人民切身利益最重要的议题，提出新粮食安全观，为新的历史征程上保障粮食安全奠定了坚实的基础。

新粮食安全观是牢牢把住粮食安全主动权的重要指引。粮食安全是买不来的。作为一个拥有14亿多人口的大国，依靠进口保吃饭，既不现实也不可能，必须坚持新粮食安全观，牢牢把握粮食安全主动权，全方位夯实粮食安全根基。当前和今后一个时期，面对世界进入新的动荡变革期的复杂局面，应深刻领会新粮食安全观的历史逻辑、理论逻辑和实践逻辑，聚力全方位夯实粮食安全根基、牢牢把住粮食安全主动权，为新发展阶段经济行稳致远、社会安定和谐、有效应对国内外各种风险挑战、确保国家大局稳定奠定更加坚实的基础，提供更加有力的支撑。

中国坚持新粮食安全观、加强粮食安全的一系列重要举措，对促进全球粮食安全合作、推动全球共同维护粮食安全具有重要意义。粮食安全关系人类永续发展和前途命运，是构建人类命运共同体的重要基础。中国探索形成的保障粮食安全之路，为世界维护粮食安全提供了重要经验借鉴，对推动加强世界粮食安全合作、提高发展中国家粮食生产能力和安全保障水平，具有重要的示范和引领作用。

二、国家粮食安全战略的总体框架

（一）以我为主

坚持以我为主，深刻认识粮食安全是保障国家安全的重要基础。14亿多人口的吃饭问题是我国最大的国情。党的十八大以来，以习近平同志为核心的党中央把粮食安全作为"国之大者"，在确立国家粮食安全战略的基础上进一步提出了"谷物基本自给、口粮绝对安全"的要求。目前，我国小麦和稻谷两大口粮自给率超过100%，谷物自给率超过95%。值得关注的是，尽管2020年突发的新冠疫情对世界粮食安全造成了巨大冲击，但正由于我国始终坚持"手中有粮，心中不慌"，不仅为应对疫情引发的各种风险挑战争取了主动，更为统筹推进疫情防控和经济社会发展提供了物质保障。因此，只有落实好国家粮食安全战略，紧扣国情国力，坚持以我为主，才有能力在各种安全风险考验面前做到"不畏浮云遮望眼""乱云飞渡仍从容"。

（二）立足国内

坚持立足国内，深刻认识只有立足粮食基本自给才能掌握粮食安全主动权。"自己动手、丰衣足食"，坚持独立自主是中国共产党长期以来保障国家粮食安全的重要原则之一。2021年12月，习近平总书记在中央农村工作会议上指出，保障好初级产品供给是一个重大战略性问题，中国人的饭碗任何时候都要牢牢端在自己手中，饭碗主要装中国粮。立足国内基本解决我国人民吃饭问题，是由我国的基本国情决定的，也是我们一以贯之的发展方针。正如习近平总书记反复强调的那样，我们绝不能买饭吃、讨饭吃，饭碗里必须主要装我们自己生产的粮食。

（三）确保产能

坚持确保产能，扎实推进藏粮于地、藏粮于技。保障国家粮食安全的根本在于耕地，耕地是粮食生产的命根子。我国用世界9%的耕地养活世界近20%的人口，这就决定了我国必须把关系到十几亿人吃饭大事的耕地保护好，决不能有闪失。一方面，要实行最严格的耕地保护制度，依法依规做好耕地占补平衡，规范有序推进农村土地流转，像保护文物甚至像保护大熊猫那样来保护耕地；另一方面，要确保农田就是农田，而且必须是良田，加快推进高标准农田建设，提高土地生产率。解决吃饭问题，根本出路在科技。在全面推进农业高质量发展的背景下，重视农业科技攻关和技术推广应用，通过试验、示范、培训、指导以及咨询服务等方式将农业科技传递到田间地头。与此同时，加强农业科技社会化服务体系建设，解决农业科技服务供给不足、供需不畅等难题，实现小农户和现代农业发展有机衔接。

（四）适度进口

坚持适度进口，充分用好两个市场、两种资源。习近平总书记指出，国内粮食需求增长很快，粮食安全要靠自己保全部，地不够，水不够，生态环境也承载不了。在国内粮食生产确保谷物基本自给、口粮绝对安全的前提下，为了减轻国内农业资源环境压力、弥补部分国内农产品供求缺口，适当增加进口和加快农业走出去步伐是必要的。但在用好两个市场、两种资源过程中，一方面，要坚持内外统筹和协调互促，避免"国内增产—国家增储—进口增加—国家再增储"所导致的"国货入库、洋货入市"问题；另一方面，要加快建立多元化的粮食进口来源体系，解决进口来源地相对集中的问题。因此，在农产品进口问题上，适当扩大国内紧缺农产品进口，绝不意味着立足国内基本解决吃饭问题的大政方针有任何改变，绝不能将此误读为可以放松国内粮食生产；而是通过自给加适当进口满足农产品需求。

（五）科技支撑

坚持科技支撑，坚决打好种业翻身仗。种子是农业的"芯片"，粮食安全的前提是种业安全。近年来我国种业发展取得明显改善，农作物良种覆盖率达到96%，自主选育品种面积占比超过95%，基本上做到了中国粮用中国种，为国家粮食安全提供了有力支撑。但与发达国家相比，我国种业在自主创新、生物育种、农业种质资源保护与利用方面仍存在较大差距，特别是种业市场大而不强的问题更加突出。我国各类种子企业已经超过 6 000 家，企业数量的增加直接导致了行业集中度的降低，部分研发能力较弱的中小型种子企业在实际过程中还存在侵犯他人知识产权、套牌或冒牌销售种子等行为，从而严重影响了种子企业科研投入的积极性及发展强大的内生动力。因此，一方面，要大力推进种源等农业关键核心技术攻关；解决部分农产品种质资源创新和育种中的"卡脖子"难题，保障国家粮食安全；另一方面，要在积极推进农作物商业化育种的同时加强育种领域知识产权的保护工作，培育具有自主知识产权的突破性优良品种。

第九章 粮食安全的保障措施

第一节 现代农业经营体系的构建

一、现代农业经营体系的构成

2024年中央一号文件提出，构建现代农业经营体系，要以小农户为基础、新型农业经营主体为重点、社会化服务为支撑，加快打造适应现代农业发展的高素质生产经营队伍。现代农业经营体系主要包括小农户、新型农业经营主体和社会化服务。

（一）小农户

小农户是农业生产的基本单元，是农业经营体系的重要组成部分。在现代农业经营体系中，小农户不仅是生产的主体，也是农业现代化的重要推动力。通过提高小农户的科技水平和管理能力，可以有效地提升农业生产效率和产品质量。此外，小农户的灵活性和创新性也是推动农业多样化和特色化的关键因素。政府和相关部门需要通过政策扶持、技术培训、信息服务等手段，帮助小农户提升自身能力，更好地适应市场变化和消费需求。

（二）新型农业经营主体

新型农业经营主体包括家庭农场、农民合作社、农业企业等，它们是现代农业发展的主力军。这些新型主体通常具备更强的资金实力、更高的技术水平和更广泛的市场渠道，能够更好地整合资源，提高农业生产的规模化、标准化和集约化水平。通过发展新型农业经营主体，可以有效地推动农业产业结构的优化升级，增强农业的竞争力和可持续发展能力。

(三) 社会化服务

社会化服务是现代农业经营体系的重要组成部分，它包括农业技术推广、市场信息服务、农业金融服务、农业保险服务等。这些服务为农业生产提供了强有力的支撑，帮助农户和新型农业经营主体解决生产过程中的各种问题，降低生产风险，提高生产效率。社会化服务的发展，有助于提升农业的整体服务水平，推动农业产业链的完善和价值链的提升。

二、现代农业经营体系的特点

现代农业经营体系的特点主要体现在以下 4 个方面。

(一) 多元化经营主体

现代农业经营体系的多元化不仅表现在经营主体类型的多样化，也体现在经营规模和经营方式的多样性上。小规模农户作为传统的农业生产单位，仍然在农业生产中占有重要地位，他们灵活、熟悉本地环境，能够适应多变的市场需求。家庭农场和农民合作社则通过规模化经营和集体合作，提高了农业生产的效率和效益。农业企业，尤其是大型农业企业，通过引入现代企业管理制度和先进的生产技术，成为推动农业现代化的重要力量。这些经营主体之间的相互补充和协作，共同推动了农业生产力的提升和农业产业结构的优化。

(二) 科技化和信息化

随着信息技术的飞速发展，农业生产方式正在经历着革命性的变化。智能化农业设备如植保无人机、智能灌溉系统等，正在逐步替代传统的人力和机械操作，极大地提高了农业生产的精准性和效率。精准农业技术通过卫星定位、遥感监测等手段,实现了对农作物生长状况的实时监控和精细管理。农业物联网技术将传感器、通信网络和数据处理平台相结合,实现了对农业生产全过程的智能控制和管理。大数据分析技术通过对海量农业生产数据的分析和挖掘,为农业生产决策提供科学依据。这些科技手段的应用,不仅提升了农业生产的智能化和精细化水平,也为农业可持续发展提供了强有力的技术支撑。

(三) 规模化和集约化

规模化和集约化是现代农业经营体系追求的重要目标。规模化生产意味着通过扩大生产规模,实现农业生产的批量化和标准化,从而降低单位生产成本,提高整体经济效益。集约化生产则强调在有限的土地和其他资源上,通过提高资源利用效率和生产效率,实现更高的产出。这需要农业生产者运用先进的农业技术和管理方法,优化生产流程,提高土地、资金和技术的利用效率。规模化和集约化生产不仅能够提升农业生产的竞争力,还能够促进农业产业链的延伸和价值链的提升,带动农业相关产业的发展。

(四) 服务化和专业化

随着农业市场化和现代化的推进,农业生产者对于专业化服务的需求日益增长。农业技术推广服务能够帮助农业生产者掌握和应用先进的农业技术和管理方法,提高生产效率和产品质量。市场信息服务能够帮助农业生产者及时了解市场动态,做出科学的生产和销售决策。农业金融服务和农业保险服务则为农业生产者提供了资金支持和风险保障,降低了经营风险,增强了抗风险能力。这些专业化服务的发展,不仅提高了农业生产的整体效率,也为农业生产者提供了更加广阔的发展空间。

三、新型农业经营主体

(一)农民专业合作社

1. 农民专业合作社的概念

农民专业合作社是一种新型的农业经营主体,它既不同于传统的农村国家粮食安全集体经济组织,也不同于以公司为代表的一般企业法人。关于农民专业合作社的概念,《中华人民共和国农民专业合作社法》第二条规定,农民专业合作社是指在农村家庭承包经营基础上,农产品的生产经营者或者农业生产经营服务的提供者、利用者,自愿联合、民主管理的互助性经济组织。手册

2. 农民专业合作社的特征

根据农民专业合作社的概念分析,农民专业合作社有以下 5 个主要特征。

(1)农民专业合作社是一种经济组织。与只为成员提供技术、信息等服务,不从事营利性经营活动的农民专业技术协会、农产品行业协会等专业合作经济组织不同,农民专业合作社是从事经营活动的实体型农民专业合作经济组织,也就是说,农民专业合作社是一种经济组织。

(2)农民专业合作社是建立在农村家庭承包经营基础之上的。农村土地的家庭承包经营制度,是党在农村的基本政策。农民专业合作社建立在农村家庭承包经营基础之上,保证了其成员以农民为主体。当前,我国正处于传统农业向现代农业的转型期,多种经营主体并存的局面将长期存在,传统的农民概念也在发生变化,农民的身份概念将逐渐淡化,职业农民的概念将会逐渐被人们接受,从事农业生产经营活动的劳动者都是农民。但是,从我国的现实国情和未来发展趋势看,在相当长时期内,我国农村从事家庭承包经营生产的传统小农户仍然占

大多数，法律依然应当首先支持和保护拥有家庭承包经营权、经营农业、收入主要来源于农业的农民。

（3）农民专业合作社是专业的经济组织。农民专业合作社是农产品的生产经营者或者农业生产经营服务的提供者、利用者，其经营服务的内容具有很强的专业性，主要是为成员提供生产经营服务。例如实践中一些农民专业合作社在管理上采取"六统一"：统一引进新品种、新技术；统一提供技术和信息服务；统一采购农药、种子等生产资料；统一组织销售；统一承接国家涉农建设项目等优惠扶持政策；统一开展法律、文化等社会事业服务。

（4）农民专业合作社是自愿联合、民主管理的经济组织。任何单位和个人都不得违背农民意愿，以指导、扶持和服务等名义强迫他们成立或者加入农民专业合作社。农民专业合作社的各成员不论是否出资、出资多少，在合作社内部的地位都是平等的，实行民主管理，在成员大会的选举和表决上，实行一人一票制，成员各享有一票的基本表决权。农民专业合作社在运行过程中应当始终体现"民办、民有、民管、民受益"的精神。

（5）农民专业合作社是互助性质的经济组织。农民专业合作社是农产品的生产经营者或者农业生产经营服务的提供者、利用者以自我服务为目的而成立的，目的是通过合作互助提高规模效益，完成单个农民办不了、办不好、办了不合算的事。这种互助性的特点，决定了它以成员为主要服务对象，决定了"以服务成员为宗旨，谋求全体成员的共同利益"的经营原则。

3. 农民专业合作社的原则

（1）成员以农民为主体。这是为了坚持农民专业合作社为人民服务的宗旨，发挥农民专业合作社在解决"三农"问题中的作用，使农民真正成为农民专业合作社的主人，有效地表达自己的意愿，并防止他人利用、操纵农民专业合作社。根据

《中华人民共和国农民专业合作社法》对"成员"的规定，一方面，合作社的成员并不是单一的农民，企业、事业单位或者社会组织也可以成为合作社的成员。另一方面，合作社成员主要由农民组成，而且，农民不少于成员总数的80%，成员人数在20人以下的，允许一个从事与农民专业合作社业务直接有关的生产经营活动的企业、事业单位或者社会组织成员进入；成员人数超过20人的，企业、事业单位和社会组织成员不得超过成员总数的5%。

(2) 以服务成员为宗旨，谋求全体成员的共同利益。一方面，农民专业合作社以其成员为主要服务对象，坚持以服务成员为宗旨。农民入社后，可以享受农民专业合作社提供的产前、产中、产后服务，更好地发展生产。农民专业合作社则将成员分散生产的农产品和需要的服务集中起来，以规模化的方式进入市场，改变了单个农民的市场弱势地位。另一方面，农民专业合作社为成员服务，还必须坚持谋求全体成员的共同利益。不论是农民个人还是企业等团体成员，加入合作社都是为了享受农民专业合作社提供的服务，合作社本质上是成员共同利益的联合体，这种共同利益是成员间进行合作开展一致行动的基础，只有谋求共同利益才能保证全体成员的利益最大化，实现每个成员加入合作社的目的。

(3) 入社自愿、退社自由。农民专业合作社是互助性经济组织，凡具有民事行为能力的公民，能够为国家粮食安全利用农民专业合作社提供的服务，承认并遵守农民专业合作社章程，履行章程规定的入社手续的，可以成为农民专业合作社的成员。农民可以自愿加入一个或者多个农民专业合作社，入社不改变承包经营；农民也可以依法自由退出农民专业合作社，终止其成员资格，农民专业合作社应当按照章程规定的方式和期限，退还记载在该成员账户内的出资额和公积金份额，返还其成员资格终止前的可分配盈余；资格终止的成员应当按照章程规定分摊资格终止前本社的亏损及债务。

（4）成员地位平等，实行民主管理。《中华人民共和国农民专业合作社法》从农民专业合作社的组织机构和保证农民成员对本社的民主管理两个方面作了规定：一是农民专业合作社必须设立成员大会，作为农民专业合作社的权力机构，并依法定期和临时召开；二是农民专业合作社成员大会选举和表决，实行一人一票制，成员各享有一票的基本表决权，成员可以通过民主程序直接控制本社的生产经营活动。

（5）盈余主要按照成员与农民专业合作社的交易量（额）比例返还。盈余分配方式是农民专业合作社与其他经济组织的重要区别，为了体现盈余主要按成员与本社的交易量（额）比例返还的基本原则，保护一般成员和出资较多成员两个方面的积极性，《中华人民共和国农民专业合作社法》规定：可分配盈余主要按照成员与本社的交易量（额）比例返还。可分配盈余按成员与本社的交易量（额）比例返还的返还总额不得低于可分配盈余的60%；返还后的剩余部分，以成员账户中记载的出资额和公积金份额，以及本社接受国家财政直接补助和他人捐赠形成的财产平均量化到成员的份额，按比例分配给本社成员。具体分配办法按照章程规定或者经成员大会决议确定。

4. 农民专业合作社的设立程序

农民专业合作社设立的条件成熟后，即可由全体设立人指定的代表或者委托的代理人向登记机关提交材料，进行注册登记。

（1）提交材料。申请设立农民专业合作社，应当由全体设立人指定的代表或者委托的代理人向登记机关提交登记申请书，全体设立人签名、盖章的设立大会纪要，全体设立人签名、盖章的章程等文件。

（2）领取营业执照。登记机关应当自受理登记申请之日起二十日内办理完毕，向符合登记条件的申请者颁发营业执照，登记类型为农民专业合作社。申请者可以按照相应的日期领取营业执照。

（3）刻印公章。农民专业合作社营业执照下发后，到公安机关（或行政许可大厅公安特许窗口），提交农民专业合作社法人营业执照复印件、法人代表身份证复印件、经办人身份证复印件等材料后刻印公章。目前农民专业合作社需要的公章有行政章、财务专用章、法人代表章共三枚。

（4）银行开户。公章刻印后，到任意一家商业银行（一般是农村信用社或中国农业银行），依据《人民币银行结算账户管理办法》提交合作社法人营业执照及其复印件、法定代表人的身份证及其复印件、经办人员身份证明原件、相关授权文件办理账号和账户，以及电子结算密钥等。

（5）政府机关备案。办理完银行手续后，需要到所在地乡镇政府的农业经济办公室办理登记，登记时需要携带营业执照、农业专业合作社简介，简介注明理事长姓名、电话、合作社办公地址、邮箱等信息；最后到国家市场监督管理总局备案，备案时需要提交法人营业执照复印件、组织机构代码证书复印件、农民专业合作社法人代表身份证复印件、税务登记证正副本复印件等资料。

（二）家庭农场

1. 家庭农场的概念

家庭农场是指在家庭联产承包责任制的基础上，以农民家庭成员为主要劳动力，运用现代农业生产方式，在农村土地上进行规模化、标准化、商品化农业生产，并以农业经营收入为家庭主要收入来源的新型农业经营主体。

家庭农场是一种具有灵活性和适应性的农业经营形式，能够有效解决小农经济的弊端，提高农业生产效率和质量，增加农民收入和福祉，促进农业结构调整和农村社会稳定。

2. 家庭农场的特征

从家庭农场的概念来看，家庭农场有以下 4 个主要特征。

（1）适度规模经营。这是我国家庭农场的典型特征。一方面，我国人多地少，还有大量农村劳动力从事农业生产，这决定了我国家庭农场的规模不可能太大。另一方面，家庭农场的规模超过一定程度，尽管劳动生产率会继续提高，但土地构建现代农业经营体系产出率将出现下降。因此，适度规模经营将是我国家庭农场区别于发达国家大农场的一个重要特征。

（2）长期专业化从事农业生产，且农业生产经营收入是家庭收入的主要来源。这是家庭农场与传统小规模农户最本质区别。家庭农场通过扩大经营规模，能够实现农户的充分就业，为其提供不低于农村平均收入水平的收入，使其能够专业化从事农业生产。

（3）家庭农场集约化、商品化水平相对较高。这是家庭农场的目标性特征。家庭农场的收入主要依赖于农业生产，其对增加农业生产投入、采用新品种、新技术有较高的积极性，资源要素利用的集约化水平将明显提升，土地产出率提高，商品化水平必将大幅度提高。

（4）主要利用农户自身的劳动力。家庭农场没有长期雇工或者长期雇工数量少于家庭劳动力数量，在农忙季节可以有少量的季节性雇工。如果农场规模过大，雇用大量工人，就会出现劳动监督问题，丧失了家庭经营的优势。

3. 家庭农场的功能定位

（1）家庭农场是我国现代农业建设的基本主体。家庭农场是我国现代农业建设的基本主体，与大量的兼业农户共同成为发展现代农业的基础力量。未来家庭农场将成为我国现代农业的基本主体。但同时，相当比例的中老年农民仍然将从事农业生产，在我国农业生产占据相当重要的地位。因此未来家庭农场和小农户将成为我国现代农业发展的基础力量。

（2）家庭农场是农产品商品化生产、保障重点农产品供给的主要力量。尽管农民合作社、龙头企业也是重要的新型农业经营主体，但农民合作社更多是为农户和家庭农场提供社会化服务、引导小农户进入市场的重要载体，龙头企业更多从事农产品的产后流通和加工，与家庭农场的职能有明显的区别。从这个角度来说，家庭农场的发展对于保障我国农产品商品化供给具有重要意义。

4. 我国家庭农场的发展情况

2008年，党的十七届三中全会提出"有条件的地方可以发展专业大户、家庭农场、农民合作社等规模经营主体"，这是家庭农场概念首次写入中央文件；2013年中央一号文件进一步把家庭农场明确为新型农业经营主体的重要形式之一；自此以后，每年的中央一号文件都对家庭农场进行了强调，并给予相应的部署。

（1）政策体系逐步建立健全。多年来，有关家庭农场方面政策逐步建立健全：2014年发布《关于促进家庭农场发展的指导意见》；2015年国务院办公厅发布《推进农村一二三产业融合发展的指导意见》；2017年中共中央办公厅、国务院办公厅印发了《关于加快构建政策体系培育新型农业经营主体的意见》；2019年发布《关于促进小农户和现代农业发展有机衔接的意见》《关于实施家庭农场培育计划的指导意见》；2020年发布《新型农业经营主体和服务主体高质量发展规划（2020—2022年）》；2021年印发《关于加快推进乡村人才振兴的意见》；2021年发布《关于加快农业全产业链培育发展的指导意见》；2022年发布《关于做好2022年全面推进乡村振兴重点工作的意见》，等等。指导意见和相关活动的推进，从政策层面为家庭农场的发展奠定了基础。

（2）家庭农场名录管理制度建立。2019年，农业农村部组织开发了全国家庭农场名录系统，并指导各地分级建立家庭农场名录制度，将家庭农场认定管理调整为名录管理，把有意愿的种养大户、专业大户等规模专业经营户纳入家庭农场范围。从认定管理到名录管理，降低了家庭农场的准入门槛。如《山东省家庭农场登记管理办法》规定，家庭农场符合以下条件就可以登记：一是以家庭成员为主要劳动力；二是以农业收入作为家庭收入的主要来源；三是经营规模相对稳定，规模达到相关部门的要求等。具体的登记一般在县市区相关部门就可以完成。

（3）开展全方位的示范创建体系。为了充分发挥典型示范在家庭农场高质量发展中的引领作用，农业农村部坚持部、省、市、县四级共同发力，探索构建了三位一体的家庭农场示范创建体系。指导各地按照自愿申报、择优推荐、逐级审核、动态管理的原则，面向全国各省市县开展了家庭农场示范创建活动。截至2023年，全国县级及以上示范家庭农场近17万个、家庭农场示范县220多个，遴选了100多个规模适度、生产集约、管理先进、效益明显的典型案例。

（4）加大财政金融支持力度。中央财政高度重视支持家庭农场的发展，重点支持家庭农场改善生产条件，应用先进的技术，提升规模化、绿色化、标准化、集约化的生产能力，提高产品质量和市场竞争力。据了解，2021年全国各级财政扶持家庭农场资金总额达到315.9亿元，获得财政扶持资金的家庭农场达到11.4万个。农业农村部组织开展的新型农业经营主体信贷直通车活动，重点支持10万~300万元的适度规模经营贷款需求，成为解决家庭农场融资的重要途径之一。

（三）农业产业化龙头企业

1. 农业产业化龙头企业的概念

农业产业化龙头企业是指以农产品生产、加工或流通为主，通过订单合同、合作方式等各种利益联结机制与农户相互联系，带动农户进入市场，实现产供销、贸工农一体化，使农产品生产、加工、销售有机结合、相互促进，具有开拓市场、促进农民增收、带动相关产业等作用，在规模和经营指标方面达到规定标准并经过政府有关部门认定的企业。

2. 农业产业化龙头企业的优势

农业产业化龙头企业弥补了农户分散经营的劣势，将农户分散经营与社会化大市场有效对接，利用企业优势进行农产品加工和市场营销，增加了农产品的附加值，弥补了农户生产规模小、竞争力有限的不足，延长了农业产业链条，改变了农产品直接进入市场、农产品附加值较低的局面。还将技术服务、市场信息和销售渠道带给农户，提高了农产品精深加工水平和科技含量，提高了农产品市场开拓能力，减小了经营风险，提供了生产销售的畅通渠道，通过解决农产品销售问题刺激了种植业和养殖业的发展，提升了农产品竞争力。

农业产业化龙头企业能够适应复杂多变的市场环境，具有较为雄厚的资金、技术和人才优势。龙头企业改变了传统农业生产自给自足的落后局面，用工业发展理念经营农业，加强了专业分工和市场意识，为农户农业生产的各个环节提供一条龙服务，为农户提供生产技术、金融服务、人才培训、农资服务、品牌宣传等生产性服务，实现了企业与农户之间的利益联结，能够显著提高农业的经济效益，促进农业可持续发展。

农业产业化龙头企业的发展有利于促进农民增收。一方面，龙头企业通过收购农产品直接带动农民增收，企业与农户建立契约关系，成为利益共同体，向农民提供必要的生产技术指导。提高农业生产的标准化水平，促进农产品质量和产量的提升。保证了农民的生产销售收入，同时也增强了我国农产品的国际竞争力，创造了更多的市场需求。农户还可以以资金等多种要素的形式入股农业产业化龙头企业，获得企业分红，鼓励团队合作，促进农户之间的相互监督和良性竞争。另一方面，农业产业化龙头企业的发展创造了大量的劳动就业岗位，释放了农村劳动力，解决了部分农村劳动力的就业问题。

农业产业化龙头企业的发展提高了农业产业化水平，促进了农产品产供销一体化经营，通过技术创新和农产品深加工，提高资源的利用效率，提高了农产品质量，解决了农产品"卖难"的问题。改造了传统农业，促进大产业、大基地和大市场的形成，形成从资源开发到高附加值的良性循环，提升了农业产业竞争力，起到了农产品结构调整的示范作用和市场开发的辐射作用，带动农户走向农业现代化。

农业产业化龙头企业是农村的有机组成部分，具有一定的社会责任。龙头企业参与农村村庄规划，配合农村建设，合理规划生产区、技术示范区、生活区、公共设施等区域，并且制定必要的环保标准，推广节能环保的设施建设。龙头企业培养企业的核心竞争力，增强抗风险能力，在形成完全的公司化管理后，还可以将农民纳入社会保障体系，维护了农村社会的稳定发展。

3. 农业产业化龙头企业的类型

农业产业化龙头企业包括国家级、省级和市级等。

（1）农业产业化国家级龙头企业。农业产业化国家级龙头企业是指以农产品加工或流通为主，通过各种利益联结机制与农户相联系，带动农户进入市场，使农产品生产、加工、销售有机结合、相互促进，在规模和经营指标上达到规定标准，并经全国农业产业化联席会议认定的企业。

（2）农业产业化省级龙头企业。农业产业化省级龙头企业是指以农产品加工或流通为主，通过各种利益联结机制与农户相联系，带动农户进入市场，使农产品生产、加工、销售有机结合、相互促进，在规模和经营指标上达到规定标准，并经省人民政府审定的企业。

(3)农业产业化市级龙头企业。市级农业产业化重点龙头企业是指以农产品生产、加工、流通及农业新型业态为主业，通过各种利益联结机制，带动其他相关产业和新型农业经营主体发展，促进当地农业主导产业壮大，促进农民增收，经营规模、经济效益、带动能力等各项指标达到市级龙头企业认定和监测标准，并经市人民政府认定的企业。

第二节 严格落实耕地保护制度

一、耕地保护的意义

俗话说，粮足天下安。粮食是人类的生命之源，是人类生存和发展的重要基础，也是国家稳定和繁荣的基石。而耕地是粮食安全的命根子。习近平总书记多次强调，要藏粮于地。如何做好耕地保护，严守耕地数量不减少，提升耕地保护质量，是广大自然资源工作者必须时刻在意的"国之大者"，这也是我国人多地少、优质耕地少的特殊国情所决定的。

保护耕地是保障国家粮食安全的长久之策。我国作为世界最大的发展中国家，也是世界粮食消费大国。据国家权威部门预测，到2030年中国粮食总需求将达到6.4万亿千克。可以说，中国的粮食状况，不仅关系我国改革开放和发展稳定的大局，而且影响国际粮食市场的稳定。数据显示，每年全球粮食的全部贸易量，只够中国人吃半年的。像中国这样一个人口大国，粮食供应只能立足国内，依靠自己的力量增加产量。中国粮食一旦出了问题，世界上无论哪个国家都无力解决，更难以为继，搞不好还受制于人，后果十分危险。

众所周知，耕地是粮食生产的载体，也是增加粮食生产的基础条件。因此，粮食问题实质上是耕地问题。我国粮食生产要想保持长期增长，首先要保持我国耕地的长期稳定。不难想象,如果没有耕地总量的长期稳定,粮食生产就失去了先决条件和基础保证,粮食单位产量的提高也就成了无源之水,无本之木。所以说,保护耕地就是保障国家粮食安全、维护社会长治久安的长久之策。工业化、城镇化必须坚持社会经济发展与生态环境、耕地保护"两兼顾、两不误",如果一味盲目追求工业化、城镇化规模和速度而肆意侵占农民的土地或使粮田撂荒,就会动摇农业生产的根基。

"民以食为天",一个国家不建立稳定的粮食安全体系,就难以实现可持续发展。尤其对一个有14亿人口的大国,吃饭问题始终是头等大事,更要树立粮食安全意识,加力保护好耕地、着力提高土地利用率和粮食生产能力。

二、永久基本农田保护制度

永久基本农田是最优质、最精华、生产能力最好的耕地,加强永久基本农田保护功在当前、利及长远,是确保国家粮食安全、加快推进农业农村现代化的有力保障,是深化农业供给侧结构性改革,促进经济高质量发展的重要基础,是实施乡村振兴、促进生态文明建设的必然要求。

(一)什么是永久基本农田

1. 永久基本农田的概念

2019年修正的《中华人民共和国土地管理法》确立了永久基本农田概念。"永久基本农田"是在原《中华人民共和国土地管理法》"基本农田"概念基础上提出来的,它既不是在原有基本农田中挑选的一定比例的优质基本农田,也不是永远不能占用的基本农田。按照《基本农田保护条例》的规定,永久基本农田是按照一定时期人口和经济社会发展对农产品的需求,依据土地利用总体规划确定不得占用的耕地,就是对法律规定的基本农田实行永久保护、特殊保护。一经划定,在规划期内必须得到严格保护,除法律规定的情形外,不得擅自占用和改变。

2. 永久基本农田划定

严格落实耕地保护制度。《中华人民共和国土地管理法》第三十三条规定,国家实行永久基本农田保护制度。下列耕地应当根据土地利用总体规划划定为永久基本农田,实行严格保护:①经国务院农业农村主管部门或者县级以上地方人民政府批准确定的粮、棉、油、糖等重要农产品生产基地内的耕地;②有良好的水利与水土保持设施的耕地,正在实施改造计划以及可以改造的中、低产田和已建成的高标准农田;③蔬菜生产基地;④农业科研、教学试验田;⑤国务院规定应当划为永久基本农田的其他耕地。

各省、自治区、直辖市划定的永久基本农田一般应当占本行政区域内耕地的80%以上,具体比例由国务院根据各省、自治区、直辖市耕地实际情况规定。

(二) 我国永久基本农田保护政策

《中华人民共和国土地管理法》规定国家实行永久基本农田保护制度,明确了永久基本农田的划定标准、所占比例和调整程序。《基本农田保护条例》对具体监督管理制度作出了细化规定。党中央高度重视永久基本农田保护,党的十九大报告、近年来的中央一号文件,以及《中华人民共和国国民经济和社会发展第十四个五年规划和2035年远景目标纲要》《乡村振兴战略规划(2018—2022年)》等都对此提出了明确要求。2019年,自然资源部、农业农村部印发《关于加强和改进永久基本农田保护工作的通知》,明确了加强永久基本农田保护的具体措施。加强永久基本农田保护,一是要巩固永久基本农田划定成果,严格规范永久基本农田上农业生产活动,依法处置违法违规建设占用问题。二是要严控建设占用永久基本农田，严格占用和补划审查论证，处理好涉及永久基本农田的矿业权设置。三是要统筹生态建设和永久基本农田保护，协调安排生态建设项目，妥善处理好生态退耕。四是要加强永久基本农田建设，开展永久基本农田质量建设，建立健全耕地质量调查监测与评价制度，建立永久基本农田储备区。五是要健全永久基本农田保护监管机制，构建动态监管体系，严格监督检查，强化考核机制，完善激励补偿机制。

(三) 永久基本农田的管理

1. 从严管控非农建设占用永久基本农田

(1) 永久基本农田一经划定，需要纳入国土空间规划，任何单位和个人不得擅自占用或者改变用途，不得多预留一定比例永久基本农田为建设占用留有空间，严禁通过擅自调整县乡土地利用总体规划规避占用永久基本农田的审批，严禁未经审批违法违规占用。

(2) 一般建设项目不得占用永久基本农田。

(3) 重大建设项目选址确实难以避让永久基本农田的，在可行性研究阶段，省级自然资源主管部门负责组织对占用的必要性、合理性和补划方案的可行性进行论证，报自然资源部进行用地预审；农用地转用和土地征收依法报批。

(4) 深度贫困地区、集中连片特困地区、国家扶贫开发工作重点县省级以下基础设施、易地扶贫搬迁、民生发展等建设项目，确实难以避让永久基本农田的，可以纳入重大建设项目范围，由省级自然资源主管部门办理用地预审，并按照规定办理农用地转用和土地征收。

(5) 严禁通过擅自调整县乡土地利用总体规划，规避占用永久基本农田的审批。

2. 重大建设项目、生态建设、灾毁等占用或减少永久基本农田的补划

（1）补划的永久基本农田必须是坡度小于25°的耕地，原则上与现有永久基本农田集中连片，补划数量、质量与占用或减少的永久基本农田相当。

（2）占用或减少城市周边永久基本农田的，原则上在城市周边范围内补划，经实地踏勘论证确实难以在城市周边补划的，按照空间由近及远、质量由高到低的要求进行补划。

（3）重大建设项目用地预审和审查中要严格把关，切实落实最严格的节约集约用地制度，尽量不占或少占永久基本农田。①重大建设项目在用地预审时不占永久基本农田、用地审批时占用的，按有关要求报自然资源部用地预审。②线性重大建设项目占用永久基本农田用地预审通过后，选址发生局部调整、占用永久基本农田规模和区位发生变化的，由省级自然资源主管部门论证审核后完善补划方案，在用地审查报批时详细说明调整和补划情况。③非线性重大建设项目占用永久基本农田用地预审通过后，所占规模和区位原则上不予调整。

3. 临时用地占用永久基本农田的建设项目的管理要求

（1）临时用地一般不得占用永久基本农田，建设项目施工和地质勘查需要临时用地、选址确实难以避让永久基本农田的，在不修建永久性建（构）筑物、经复垦能恢复原种植条件的前提下，土地使用者按法定程序申请临时用地并编制土地复垦方案，经县级自然资源主管部门批准可临时占用，并在市级自然资源主管部门备案，一般不超过两年。同时，通过耕地耕作层土壤剥离再利用等工程技术措施，减少对耕作层的破坏。

（2）临时用地到期后土地使用者应及时复垦恢复原种植条件，县级自然资源主管部门会同农业农村等相关主管部门开展土地复垦验收，验收合格的，继续按照永久基本农田保护和管

理；验收不合格的，责令土地使用者进行整改，经整改仍不合格的，按照《土地复垦条例》规定由县级自然资源主管部门使用缴纳的土地复垦费代为组织复垦，并由县级自然资源主管部门会同农业农村等相关主管部门开展土地复垦验收。

（3）县级自然资源主管部门要切实履行职责，对在临时用地上修建永久性建（构）筑物或其他造成无法恢复原种植条件的行为依法进行处理；市级自然资源主管部门负责临时用地使用情况的监督管理，通过日常检查、年度卫星图片执法检查等，及时发现并纠正临时用地中存在的问题。

4. 设施农用地占用永久基本农田的管理规定

《自然资源部农业农村部关于设施农业用地管理有关问题的通知》（自然资规〔2019〕4号）规定，种植设施不破坏耕地耕作层的，可以使用永久基本农田，不需补划；破坏耕地耕作层，但由于位置关系难以避让永久基本农田的，允许使用永久基本农田但必须补划。养殖设施原则上不得使用永久基本农田，涉及少量永久基本农田确实难以避让的，允许使用但必须补划。

5. 永久基本农田必须坚持农地农用，坚决防止永久基本农田"非农化"

（1）禁止任何单位和个人在永久基本农田保护区范围内建窑、建房、建坟、挖沙、采石、采矿、取土、堆放固体废弃物或者进行其他破坏永久基本农田的活动。

（2）禁止任何单位和个人破坏永久基本农田耕作层。

（3）禁止任何单位和个人闲置、荒芜永久基本农田。

（4）禁止以设施农用地为名违规占用永久基本农田建设休闲旅游、仓储厂房等设施。

（5）对利用永久基本农田进行农业结构调整的要合理引导，不得对耕作层造成破坏。

6. 严格规范永久基本农田上农业生产活动

（1）按照"尊重历史、因地制宜、农民受益、社会稳定、生态改善"的原则，在确保谷物基本自给和口粮绝对安全、确保粮食种植规模基本稳定、确保耕地耕作层不破坏的前提下，有序规范引导永久基本农田上的农业生产活动。

（2）永久基本农田不得种植杨树、桉树、构树等林木，不得种植草坪、草皮等用于绿化装饰的植物，不得种植其他破坏耕作层的植物。在《自然资源部农业农村部关于加强和改进永久基本农田保护工作的通知》（自然资规〔2019〕1号）印发前已经种植的，由县级自然资源主管部门和农业农村主管部门根据农业生产现状和对耕作层的影响程度组织认定，能恢复粮食作物生产的，5年内恢复；确实不能恢复的，在核实整改工作中调出永久基本农田，并按要求补划。

7. 涉及占用永久基本农田的矿业权的处理办法

（1）全国矿产资源规划确定的战略性矿产，区分油气和非油气矿产、探矿和采矿阶段、露天和井下开采等情况，在保护永久基本农田的同时，做好矿产资源勘查和开发利用。非战略性矿产，申请新设矿业权，应避让永久基本农田，其中地热、矿泉水勘查开采，不造成永久基本农田损毁、塌陷破坏的，可申请新设矿业权。

（2）矿业权申请人依法申请战略性矿产探矿权，开展地质勘查需临时用地的，应依法办理临时用地审批手续。石油、天然气、页岩气、煤层气等油气战略性矿产的地质勘查，经批准可临时占用永久基本农田布设探井。在试采和取得采矿权后转为开采井的，可直接依法办理农用地转用和土地征收审批手续，按规定补划永久基本农田。

（3）煤炭等非油气战略性矿产，矿业权人申请采矿权涉及永久基本农田的，根据露天、井下开采方式实行差别化管理。

对于露天方式开采，开采项目应符合占用永久基本农田重大建设项目用地要求；对于井下方式开采，矿产资源开发利用与生态保护修复方案应落实保护性开发措施。井下开采方式所配套建设的地面工业广场等设施，要符合占用永久基本农田重大建设项目用地要求。

（4）已设矿业权与永久基本农田空间重叠的，各级地方自然资源主管部门要加强永久基本农田保护、土地复垦等日常监管，允许在原矿业权范围内办理延续变更等登记手续。已取得探矿权申请划定矿区范围或探矿权转采矿权的按煤炭等非油气战略性矿产管理规定执行。矿业权人申请扩大勘查区块范围或扩大矿区范围、申请将勘查或开采矿种由战略性矿产变更为非战略性矿产，涉及与永久基本农田空间重叠的，按新设矿业权处理。矿业权人不依法履行土地复垦义务的，不得批准新设矿业权，不得批准新的建设用地。

8. 涉及占用永久基本农田的生态建设项目的处理办法

（1）党中央、国务院确定建设的重大生态建设项目，确实难以避让永久基本农田的，按有关要求调整补划永久基本农田和修改相应的土地利用总体规划。

（2）省级人民政府为落实党中央、国务院决策部署，提出具有国家重大意义的生态建设项目，经国务院同意，确实难以避让永久基本农田的，按照有关要求调整补划。

（3）其他景观公园、湖泊湿地、植树造林、建设绿色通道和城市绿化隔离带等人造工程，严禁占用永久基本农田。

9. 生态退耕的处理办法

（1）对位于国家级自然保护地范围内禁止人为活动区域的永久基本农田，经自然资源部和农业农村部论证确定后应逐步退出，原则上在所在县域范围内补划，确实无法补划的，在所在市域范围内补划；非禁止人为活动的保护区域，结合国土空间规划统筹调整生态保护红线和永久基本农田控制线。

(2) 不得擅自将永久基本农田和已实施坡改梯耕地纳入退耕范围。

(3) 对不能实现水土保持的25°以上的陡坡耕地、重要水源地的坡耕地、严重沙漠化和石漠化耕地、严重污染耕地、移民搬迁后确实无法耕种的耕地等,综合考虑粮食生产实际种植情况,经国务院同意,结合生态退耕有序退出永久基本农田。

(4) 根据生态退耕检查验收和土地变更调查结果,以实际退耕面积核减有关省份的耕地保有量和永久基本农田保护面积,在国土空间规划编制时予以调整。

(四) 永久基本农田储备区

为提高重大建设项目用地审查报批效率,做到保质保量补划落地,在永久基本农田之外其他质量较好的耕地中,划定永久基本农田储备区。

1. 优先划为永久基本农田储备区的耕地

(1) 已建成的高标准农田,经土地综合整治新增加的耕地,正在实施整治的中低产田。

(2) 与已划定的永久基本农田集中连片,质量高于本地区平均水平且坡度小于15°的耕地。

(3) 城镇周边和交通沿线,依据《中华人民共和国土壤污染防治法》列入优先保护类、安全利用类的耕地。

(4) 已经划入"两区"的优质耕地。

(5) 集中连片、规模较大,有良好的水利与水土保持设施的耕地等。

2. 严禁划为永久基本农田储备区的耕地

(1) 位于生态保护红线范围内的耕地。

(2) 依据《中华人民共和国土壤污染防治法》列入严格管控类耕地。

(3) 因自然灾害和生产建设活动严重损毁且无法复垦的耕地。

(4) 纳入生态退耕还林还草范围的耕地。

(5) 25°以上的坡耕地。

(6) 可调整地类等。

三、完善耕地占补平衡制度

（一）耕地占补平衡制度的概念

耕地占补平衡制度是指非农建设经批准占用耕地要按照"占多少，补多少"的原则，补充数量和质量相当的耕地。

占用单位要负责开垦与所占用耕地的数量和质量相当的耕地；没有条件开垦或者开垦的耕地不符合要求的，应当按照省、自治区、直辖市的规定依法缴纳耕地开垦费，专款用于开垦新的耕地。

（二）完善耕地占补平衡制度策略

1. 改革占补平衡管理方式

按照改革部署，调整完善占用耕地补偿制度，将以往非农建设占用耕地落实占补平衡扩展到各类占用耕地均要落实占补平衡，由"小占补"变为"大占补"；统筹盐碱地等未利用地、其他农用地、低效闲置建设用地等各类非耕地作为补充耕地来源，新增加的可以长期稳定利用的耕地，用于落实补充耕地任务。坚持"以补定占"，在实现耕地总量动态平衡的前提下，以省域内稳定利用耕地净增加量作为下年度补充耕地指标和允许占用耕地规模的上限。

2. 调整占补平衡落实机制

按照"国家管总量、省级负总责、市县抓落实"的要求，建立分级负责、职责明确、监管有力的占补平衡责任落实机制。严格控制跨省域补充耕地规模，从严规范省域内补充耕地指标

3. 加强补充耕地补偿激励

各类占用耕地的实施主体应当按规定落实补充耕地责任。在实践中，将补充耕地费用主要用于耕地保护与质量建设，调动相关主体保护耕地的积极性。

4. 健全补充耕地质量验收制度

配合农业农村部门加强补充耕地质量管理，完善补充耕地质量验收办法，质量审核严格把关。加强补充耕地配套基础设施建设和后续培肥管护，持续熟化土壤、提升耕地质量、稳定耕地利用，防止退化撂荒。

第三节　加强农业基础设施建设

一、高标准农田建设

高标准农田是指田块平整、集中连片、设施完善、节水高效、农电配套、宜机作业、土壤肥沃、生态友好、抗灾能力强，与现代农业生产和经营方式相适应的旱涝保收、稳产高产的耕地。高标准农田建设内容包括田块整治、灌溉与排水、田间道路、农田防护与生态环境保护、农田输配电工程及科技服务、高标准农田工程的管护。

（一）田块整治

1. 概念

耕作田块是由田间末级固定沟、渠、路、田坎等围成的，满足农业作业需要的基本耕作单元。应因地制宜进行耕作田块布置，合理规划，提高田块归并程度，实现耕作田块相对集中。

耕作田块的长度和宽度应根据气候条件、地形地貌、作物种类、机械作业、灌溉与排水效率等因素确定，并充分考虑水蚀、风蚀。

田块整治工程包括耕作田块修筑工程和耕作层地力保持工程。田块修筑工程分为条田修筑、梯田修筑，主要包括：土石方工程、田埂（坎）修筑工程。耕作层地力保持工程包括表土剥离与回填、客土改良、加厚土层。

2. 规划设计要求

田块整治工程规划设计应先对田块进行规划，初步确定土地平整区域与非平整区域，对布局不合理、零散的田块应划入土地平整区域，进行零散田块归并，全面配套沟、渠、路、林等田间基础设施和农田防护措施。

设计时，应坚持下列基本原则：一是考虑土地权属调整，权属界线宜沿沟、渠、路、田坎布设；二是设计应因地制宜，并与灌溉、排水工程设计相结合；三是土地平整时应加强耕作层的保护；四是土地平整应按照就近、安全、合理的原则取土或弃土，应通过挖高填低，尽量实现田块内部土方的挖填平衡，平整土方工程量总量最小。

农田连片规模：山地丘陵区连片面积500亩以上，田块面积45亩以上；平川区连片面积5 000亩以上，田块面积150亩以上。

3. 田块修筑工程

按平整的田块类型划分为条田修筑、梯田修筑和田埂（坎）修筑。

（1）条田修筑。地面坡度为0°~5°的耕地宜修建条田，田面坡度旱作农田1/800~1/500，灌溉农田1/2 000~1/1 000。条田形态宜为矩形，水流方向田块长度不宜超过200米，条田宽度取机械作业宽度的倍数，宜为50~100米。

(2) 梯田修筑。地面坡度为 5°~25° 的坡耕地宜修建水平梯田，田面平整，并构成 1° 反坡梯田，梯田化率达到 90%，旱地梯田横向坡度宜外高内低。田块规模应根据不同的地形条件、灌排条件、耕作方式等确定，梯田长边宜平行于地形等高线布置，长度宜为 100~200 米，田面宽度应便于机械作业和田间管理。

(3) 田埂（坎）修筑。田埂（坎）应平行等高线或大致垂直农沟（渠）布置，应有配套工程措施进行保护，因地制宜采用植物护坎、石坎、土石混合坎等保护方式。在土质黏性较好的区域，宜采用植物护坎，植物护坎高度不宜超过 1 米。在易造成冲刷的土石山区，应结合石块、砾石的清理，就地取材修筑石坎，石坎高度不宜超过 2 米。修筑的田埂稳定牢固，石埂稳定可防御 20 年一遇暴雨，土埂稳定可防御 5~10 年一遇暴雨。

4. 耕作层地力保持工程

(1) 耕作层剥离与回填。土地平整时应将耕作层剥离，剥离后的耕作层土壤集中堆放到指定区域，土地平整后应将耕作层土壤均匀回填至平整区。耕作层回填厚度不小于 25 厘米。剥离耕作层土壤的回填率应不低于 80%，并使用机械或人工铺摊均匀，在坡改梯后的耕地上回填土壤，应根据水土保持要求增加竹节沟或梯田田埂设计。耕作层回填前田面必须达到设计回填耕作层底面高程。

(2) 客土回填。当项目区内土层厚度和耕作土壤质量不能满足作物生长、农田灌溉排水和耕作需要时，应该采取客土回填方式消除土壤过砂、过黏、过薄等不良因素，改善土壤质地，使耕层质地成为壤土。回填作为底土的客土必须有一定的保水性，碎石和沙砾等粗颗粒含量不超过 20%。通过加厚土层，使一般农田土层厚度达到 100 厘米以上，沟坝地、河滩地等土层厚度不少于 60 厘米，满足优良品种覆盖度达到 100% 所需的土壤基础条件。

(二) 灌溉与排水

1. 灌溉排水工程设计一般规定和要求

灌溉与排水工程包括：水源工程、输配水工程及田间工程。灌溉技术主要包括：渠灌技术、管灌技术、喷灌技术、微灌技术（含滴灌、涌泉灌、微喷灌、渗灌）。

灌溉水源应以地表水为主，地下水为辅，天然降水为补充。对地下水超采、限采区应严格执行当地水资源管理的有关规定，所有输配水设施均应安装水量计量设备。

灌排渠（管）系建筑物及管理房应配套完善，建议采用国家或省推荐的定型设计图纸，以使项目范围内各型建筑物达到形式统一、协调。

2. 末级固定灌排渠、沟、管标准

末级固定灌排渠、沟、管应结合田间道路布置，以节约用地，方便管理。末级固定灌排渠、沟、管密度及间距应符合《灌溉与排水工程设计标准》（GB 50288—2018）等有关标准、规范或规定。

灌溉排水工程施工时应根据安全保护需要，在现场设置必要的安全警示牌或警示标志。

3. 灌溉设计标准及设计基准年选择

确定灌溉设计标准可采用灌溉保证率法和抗旱天数法。一般情况下，对干旱地区或水资源紧缺地区且以旱作物为主的，渠灌、管灌的灌溉设计保证率可取50%~75%，半干旱、半湿润地区或水资源不稳定地区，渠灌、管灌的灌溉设计保证率取70%~80%；喷灌、微灌的灌溉设计保证率可取85%~95%。

灌溉水利用系数取值：渠道防渗输水灌溉工程，小型灌区不应低于0.70，地下水灌区不应低于0.80，管灌、喷灌工程不应低于0.80，微喷灌工程不应低于0.85，滴灌工程不应低于0.90。

4. 水资源供需平衡分析

项目区水资源开发利用状况及可供水量计算，包括水利工程现状供水能力（包括地表水、地下水、过境水）、新开发水源的潜力及可行性分析。

灌溉制度的拟定及需水量计算：作物种植比例应符合当地种植结构调整计划，灌溉制度应结合当地群众多年丰产灌水经验科学合理地制定，灌溉方式应结合作物种植种类及灌水特点择优确定。

灌溉用水量根据所制定的灌区灌溉制度并考虑灌溉水利用系数等进行计算。

灌区供需水平衡分析计算应以独立水源灌区为计算单元进行。供需水平衡分析后必须有明确结论，如出现不平衡时应提出相应的技术措施。

5. 工程主要建设内容

渠道要说明材料、断面形式、尺寸、长度、厚度等；渠系建筑物要说明建筑物的名称、数量等；管道要说明材质、管径、长度、工作压力等；管系建筑物要说明建筑物的名称、数量等；塘坝、水池、旱井等要说明容积及配套设施；泵站要说明装机容量及其配套设施；机井要说明单井流量、眼数及配套设施等。

6. 水源工程设计说明

灌溉水源主要包括：河流、水库、池塘、湖泊、机井（群）、渠道等。

机井（群）设计说明：包括现状机井深度、井孔直径、井距、井管材料、单井出水量、动水位、静水位等；所配套的水泵及输配变电设备的规格型号及容量等；各类设备新近安装的年份或年限；机井管理房、井台、井罩现状；有关部门颁发的取水许可证时间及许可取水量以及各机井存在的问题等。根据各井灌区农作物的种类、比例等，依据灌溉制度，合理确定所需的机井数量，提出需要配套的水泵及变配电设备规格型号、数量等。

水库、池塘、湖泊、水窖等设计说明：包括水库、湖泊的蓄水容积及水窖、池塘的集水面积、蓄水容积及结构状况；水库、池塘、湖泊、水窖每年或作物生育期内各阶段的蓄水情况；其所配套的建筑物的形式、数量、规模等；并结合工程现状，根据工程需要提出需要新建或改造的建筑物。

河流、渠道水源工程说明：包括每年或作物生育期内各阶段河流、渠道的来水流量、水位变化状况；取水建筑物现状及完好程度，校核取水流量能否满足设计灌溉所需水量，并提出相应的工程措施及设计方案。

泵站取水水源工程设计说明：包括泵站的建设性质、取水水源类型、设计流量、特征水位、地形扬程、机泵选型及运行工况等；所配套机电及输变电设备等情况；泵站各主要建筑物结构形式、尺寸等；已建泵站存在问题及所需改造的内容等。

7. 输水工程设计说明

输水工程主要包括：输水渠、管及所配套建筑物等。说明输水工程的建设性质、现状输水形式、结构尺寸、流量、长度及存在问题等，根据设计流量复核已建工程的过流能力，提出是否需改造的理由及有关改造内容。

8. 灌区工程设计说明

灌区工程主要包括：各级配水渠、管以及所配套的建筑物等。说明灌区工程的建设性质，灌区现状及存在问题等，根据设计流量复核已建工程的过流能力，提出是否需要改造的理由及有关改造内容；针对不同作物所选用的节水灌溉技术，进行分类设计计算等。

灌区工程要说明工程采用的灌溉方式及总体布局，着重阐述清楚水源类型、输水形式以及采用的灌溉技术和田间工程布置、控制灌溉面积等。

喷灌工程确定总体布置、喷头选型、布置间距、设计流量、工作制度、运行方式、管网布置、设计流量、干支管水力计算及管径、水泵选型、主要建筑物形式等。

微灌工程确定灌水器选型、灌水器布置、工作制度、运行方式、系统布置、毛管设计、干支管水力计算及管径、首部枢纽设计、主要建筑物形式等。

低压管道输水灌溉确定出水口间距、灌水周期、设计流量、田块规格、管网布局、干支管水力计算及管径、主要建筑物形式等。

机井改造工程原则上要建立机井控制保护+智能灌溉控制模式，实现机井远程启停计量、信息自动生成、数据物联传输共享。

高效节水项目的喷灌、微灌工程以及核心示范区工程，原则上要建成水肥一体化自动控制装置，实现水、肥、药智能控制运行监测，实现区域集成物联网云平台，自动采集分析各种信息数据，适时进行运行控制调节。

9. 软体集雨水窖新型材料应用

软体集雨水窖是采用一种高分子"合金"织物增强柔性复合材料制成的，具有抗撕裂、抗拉伸强度高，牢度好，阻燃、耐酸碱盐稳定性高，高温不软化、低温不硬脆，耐候性强，对环境无污染，经济环保等优点。与传统集雨水窖（池）相比，具有强度高、寿命长、密封好、不渗漏、耐高温严寒、安装简便、经济环保等优点。

软体集雨水窖主要用于集雨及调节水量，以缓解北方缺水地区水资源紧缺状况，同时，还可作为小面积灌区的水量调节设施。软体集雨水窖的安装可参考全国农业技术推广服务中心节水处高效节水技术示范项目指导意见中的有关规定进行。

(三) 田间道路

高标准农田建设项目田间道路包括田间道（机耕路）和生产路，其中田间道按主要功能和使用特点分为田间主道和田间次道。田间道路设计应根据确定的道路等级、通行荷载、限行速度等指标进行计算设计。田间道路应尽量在原有基础上修建，应与第二次全国土地调查数据库或实施后的第三次全国国土调查数据库比对核实，尽量少占用耕地，不能形成新占基本农田。在当地村民需求强烈且确需建设混凝土路面的地方，允许建设适量混凝土路面，但田间道路建设的财政资金投入比例原则上以县为单位，不得超过财政总投入的40%。

1. 田间道路功能

田间主道指项目区内连接村庄与田块，供农业机械、农用物资和农产品运输通行的道路。田间次道指连接生产路与田间主道的道路。生产路指项目区内连接田块与田块、田块与田间道，为田间作业服务的道路。

2. 田间道路布置

（1）田间主道应充分利用项目区内地形地貌条件，从方便农业生产与生活、有利于机械化耕作和节省道路占地等方面综合考虑，因地制宜，改善项目区内的交通和生产生活环境。

（2）田间主道、田间次道宜沿斗渠（沟）一侧布置，路面高程不低于堤顶高程。

（3）田间道路布置应满足农田林网建设的要求。

（4）项目区内各级道路应做好内外衔接，统一协调规划，使各级田间道路形成系统网络。

（5）对于丘陵山地区，田间道路布置还应尽量依地形、地貌变化，沿沟边或沟底布置，以减少新建田间道路的开挖或回填土方。

3. 生产路工程设计

(1) 生产路宽度：应考虑通行小型农机具的要求，宽度宜为 2~2.5 米。

(2) 生产路路基：可采用天然土路基。

(3) 生产路路面：宜采用素土夯实，对一些有特殊要求的地方，可采用泥结石、碎石等。素土路面土质应具有一定的黏性和满足设计要求的强度，压实系数不宜低于 0.95。采用泥结石面层时，厚度宜为 8~15 厘米，骨料强度不应低于 30 兆帕。

(4) 生产路高度：应高出田面 0.15 米。

(5) 生产路纵坡：与农田纵坡基本一致，生产路可不设路肩。

(四) 农田防护与生态环境保护

农田防护林与生态环境保护工程是指根据因害设防、因地制宜的原则，将一定宽度、结构、走向、间距的林带栽植在农田田块四周，通过林带对气流、温度、水分、土壤等环境因子的影响，来改善农田小气候，减轻和防御各种农业自然灾害，创造有利于农作物生长发育的环境，以保证农业生产稳产、高产，并能为人民生活提供多种效益的一种人工林。

1. 防护林类型

防护林按功能分为：农田防风林、梯田埂坎防护林、护路护沟（渠）林、护岸林。其中，农田防风林应由主林带和副林带组成，必要时设置辅助林，无风害地区不宜设农田防风林。

2. 设计原则

农田防护与生态环境保护工程应因害设防，全面规划，综合治理，与田、沟、渠、路等工程相结合，统筹布设。

3. 技术措施

(1) 对受风沙影响严重的区域，新建或完善防护林带（网）。

（2）对坡面较长、易造成水土流失的坡耕地及沟坝地、沟川地等，采取工程措施，包括修筑梯田或土埂，修建截流沟、排水沟、排洪渠、护地坝等，并增加集雨设施，引导并收集坡面径流进入蓄水池（井）；同时辅以生物措施，种植防护效益兼具经济效益好的灌木或草本植物，形成保持水土的良好植被。

（3）对盐渍化区域，完善林网建设，改善田间小气候，减少地面蒸发，减轻土壤返盐。

4. 树种选择

树种的选择要以农田防护为目的，适地适树，不得栽植高档名贵花木。应以乡土树种为主，适当引进外来优良树种，兼顾防护、用材、经济、美化和观赏等方面的要求，同时符合下列要求。

（1）主根应深，树冠应窄，树干通直，并应速生。

（2）抗逆性强。

（3）混交树种种间共生关系好、和谐稳定。

（4）与农作物协调共生关系好，不应有相同的病虫害或是其中间寄主。

（5）灌木树种应根系发达，保持水土、改良土壤能力强。

北方地区常用的优良防护树种，乔木及小乔木树种有：国槐、速生楸、白蜡、旱柳、椿树、银杏、柿树、刺槐、栾树、木槿、红叶李、女贞等；灌木树种有：紫穗槐、荆条、连翘、榆叶梅等。

5. 苗木质量及规格

苗木质量符合《主要造林树种苗木质量分级》（GB 6000—1999）规定的Ⅰ级、Ⅱ级标准，其中乔木树种要求胸径6厘米以上，枝下高3米以上，全冠；小乔木树种要求地径5厘米以上，枝下高1米以上，全冠。

6. 栽植模式

应采用两个及以上树种混交栽植，纯林比例不应超过70%，单一主栽树种株数或面积不应超过70%。林带的株行距应满足所选树种生物学特性及防风要求。梯田埂坎防护林树种宜选择灌木树种。护路护沟（渠）林宜栽植于路和斗沟（渠）两侧，单侧栽植时宜栽植在沟、渠、路的南侧或西侧，树种宜乔、灌结合。丘陵区沟头、沟尾宜营造乔、灌、草结合的防护林带。

7. 主要指标

一般受防护的农田面积占建设区面积的比例不低于90%，农田防护林网面积达到3%~8%。所造林网中的林木当年成活率要达到95%以上，三年后保存率要达到90%以上。

（五）农田输配电工程及科技服务

1. 农田输配电工程

（1）概念。农田输配电工程指为泵站、机井以及信息化工程等提供电力保障所需的强电、弱电等各种设施，包括输电线路、变配电装置等。其布设应与田间道路、灌溉与排水等工程相结合，符合电力系统安装与运行相关标准，保证用电质量和安全。

（2）基本要求。农田输配电工程应满足农业生产用电需求，并应与当地电网建设规划相协调。

农田输配电线路宜采用10千伏及以下电压等级，包括10千伏、1千伏、380伏和220伏，应设立相应标识。

农田输配电线路宜采用架空绝缘导线，其技术性能应符合《额定电压10kV架空绝缘电缆》（GB/T 14049—2008）、《额定电压1kV及以下架空绝缘电缆》（GB/T 12527—2008）等规定。

农田输配电设备接地方式宜采用保护接地（TT）系统，对安全有特殊要求的宜采用中性点不接地（IT）系统。

应根据输送容量、供电半径选择输配电线路导线截面和输送方式，合理布设配电室，提高输配电效率。配电室设计应执行《20kV及以下变电所设计规范》（GB 50053—2013）有关规定，并应采取防潮、防鼠虫害等措施，保证运行安全。

输配电线路的线间距应在保障安全的前提下，结合运行经验确定；塔杆宜采用钢筋混凝土杆，应在塔杆上标明线路的名称、代号、塔杆号和警示标识等；塔基宜选用钢筋混凝土或混凝土基础。

农田输配电线路导线截面应根据用电负荷计算，并结合地区配电网发展规划确定。

架空输配电导线对地距离应按《10kV及以下架空配电线路设计规范》（DL/T 5220—2021）规定执行。需埋地敷设的电缆，电缆上应铺设保护层，敷设深度应大于0.7米。导线对地距离和埋地电缆敷设深度均应充分考虑机械化作业要求。

变配电装置应采用适合的变台、变压器、配电箱（屏）、断路器、互感器、起动器、避雷器、接地装置等相关设施。

变配电设施宜采用地上变台或杆上变台，应设置警示标识。变压器外壳距地面建筑物的净距离应大于0.8米；变压器装设在杆上时，无遮拦导电部分距地面应大于3.5米。变压器的绝缘子最低瓷裙距地面高度小于2.5米时，应设置固定围栏，其高度应大于1.5米。

接地装置的地下部分埋深应大于0.7米，且不应影响机械化作业。

根据高标准农田建设现代化、信息化的建设和管理要求，可合理布设弱电工程。弱电工程的安装运行应符合相关标准要求。

2. 科技服务

高标准农田建设科技服务主要是提高农业科技服务能力，配置定位监测设备，建立耕地质量监测、土壤墒情监测和虫情监测站（点），加强灌溉试验站网建设，开展农业科技示范，大力推进良种良法、水肥一体化和科学施肥等农业科技应用，加快新型农机装备的示范推广。

（1）高标准农田土壤墒情自动监测网络。为了加大高标准农田建设区域土壤墒情监测力度，建立健全墒情监测网络体系，提升监测效率，提高墒情监测服务能力，以乡镇为单位安装墒情自动监测系统。每套系统包括1台固定式土壤墒情自动监测站和4个管式土壤墒情自动监测仪，监测信息可自动上传至全国土壤墒情监测系统及省级土壤墒情监测系统。技术参数参考全国农业技术推广服务中心节水处旱作节水技术示范项目指导意见。

（2）耕地质量监测网点建设。按照农业农村部农田建设监管平台及高标准农田耕地质量调查监测评价工作有关规定，高标准农田建设项目区应在项目实施前后分别开展耕地质量监测评价，比较项目建设前后耕地质量变化情况，并达到预期效果和目标。布置建设耕地质量监测网点，原有耕地平川区每1 000亩、山地丘陵区每500亩设立1个点位；新增加的耕地每20亩设立1个点位。监测点位耕层每点位0~20厘米采集1个土壤样品。原有耕地经高标准农田项目建设后，耕地质量等级应较项目实施前有所提升；新增加耕地的耕地质量等级应不低于周边耕地。

项目验收前提交耕地质量等级评价报告，评价报告应包括项目基本情况、耕地质量等级评价过程与方法、评价结果及分析、建设前后耕地质量主要性状及等级变动情况、土壤培肥改良建议等章节，并附土壤检测报告、指标赋值情况和成果图件等。成果图件包括：监测点位分布图、高标准农田建设区耕地质量等级图（建设前、建设后），需附矢量化电子格式。

（3）物联网监控云平台（智慧农业平台）。物联网监控云平台是农业物联网的枢纽，它是用户与安装在田地中监测设备的桥梁。所有设备将数据发送至云平台，同时被云平台控制，云平台能保证所有数据与设备同步保存。支持用户通过手机、平板电脑或电脑等智能终端,随时查看和管控。通过密码保护账户安全,实现远程控制、数据自动汇总与可视化。

(六) 高标准农田工程的管护

高标准农田工程设施建后管护是指对田间道路、灌排设施、农田防护和生态环境保持工程、输配电工程、公示标牌、配套建筑物等工程设施进行管理、维修和养护,确保工程原设计功能运行正常。

2011年以来建成并上图入库的高标准农田项目,其工程设施应纳入管护范围。管护主要内容及标准如下。

1. 灌排工程、输配电工程管护

确保田间渠系工程、排水工程、输配水管道工程不堵塞;小型塘坝、水井、井房、泵站、田间蓄水池等小型水源工程正常使用,灌溉能力得到保障;输电线路、变配电设施、弱电设施等运行正常,无安全隐患。

2. 田间道路、农田防护工程管护

确保田间道路、机耕路完好,维持路面平整、路基完好,无杂草、无杂物,通行顺畅;农田防护和生态环境保持工程整体充分发挥作用,项目建设的农田防护林要定期修剪,适时浇水,缺额补栽,跌倒扶正。

3. 配套建筑物、标识设施管护

各灌排渠道、田间道路、输配电工程等相关配套设施完好,围栏和公示、警示标志完好无损,信息清晰。

4. 确保项目发挥效益

在管护范围内发现高标准农田撂荒现象的,应及时报告乡镇人民政府和市县农业农村主管部门。

二、农田水利设施建设

农田水利工程作为一项综合性的科学技术，旨在通过一系列工程措施发展灌溉与排水系统，调节地区水情，优化农田水分状况，并有效防治旱、涝、盐、碱等自然灾害，从而为农业的稳产高产提供坚实保障。近年来，我国农田水利建设取得显著进展，成为保障国家粮食安全的重要基石。

（一）农田水利设施建设的意义

1. 保障粮食安全，促进农业发展

粮食安全是国家安全的重要基石，农业发展是农村经济繁荣的关键。通过优化农田水利建设，完善灌溉系统和排水设施，可以有效提高农田的抗旱、抗涝能力，确保作物在关键生长期获得充足且适宜的水分供应，从而稳定和提高粮食产量，满足人民日益增长的粮食需求。与此同时，农田水利建设的优化与完善，通过引入先进的灌溉技术和节水设备，能够有效改善农业生产条件，提高农田综合生产能力，促进农业结构调整和产业升级，推动农业向高效、绿色、可持续方向发展，为农业现代化发展奠定坚实基础。

2. 提高水资源利用率，增强防灾减灾能力

水资源是农业生产不可或缺的重要资源。优化农田水利建设，通过推广节水灌溉技术和优化灌溉制度，可以实现水资源的优化配置和高效利用。这不仅可以减少水资源的浪费和污染，促进水资源的循环利用和生态修复，还能提高农田的灌溉效率和作物产量，为农业可持续发展提供有力支撑。在农业发展的过程中，自然灾害是影响其正常生产的重要因素，优化农田水利建设，构建完善的防洪排涝体系，加强对农田水利设施的维护和管理，及时发现并排除安全隐患，能够有效减少自然灾害对农业生产造成的损失，并为灾后恢复生产提供有力保障，促

进农业生产的快速恢复和发展。

3. 增加农民收入，助力乡村振兴

农民收入增长是农村经济社会发展的重要目标。优化农田水利建设，可以通过提高农业生产效率和作物产量，直接增加农民的经济收入。同时，农田水利建设还能促进农业产业结构调整和优化升级，推动农村经济发展多元化和产业化，这大大拓宽了农民增收渠道和提高农民收入水平，改善农民生活条件和生活质量。随着近年来乡村振兴战略的深入实施，农田水利建设的优化能够在一定程度上促进乡村人居环境的改善和公共服务的提升，提升乡村的吸引力和竞争力，助推乡村经济社会全面发展和繁荣兴旺，以此实现乡村振兴的战略目标。

（二）农田水利设施建设取得的成就

水是农业的命脉，但由于我国南北方在气候条件方面存在巨大差异，使水资源存在严重的时空分配不均等问题，南方洪涝、北方旱灾的情况时有发生，对农业生产和农民生活都造成严重损失。水利工程建设能够运用现代物质技术装备弥补部分地区水土资源分配不均的问题。农田水利基础设施水平的提高，一方面能够改善粮食生产条件，从而提高农业生产效率、保证农业增产增收；另一方面，与其配套发展和推广的节水灌溉技术能够提高水土资源的利用效率、缓解水资源供需矛盾。

"十三五"期间，我国农田水利建设取得长足进步。首先，共完成329处大型灌区、52处中型灌区的节水改造工程建设；累计新增和恢复有效灌溉面积670多万亩，改善灌溉面积9 000多万亩，新增粮食生产近500万吨，新增节水能力近100亿米^3。其次，每年发展高效节水灌溉2 000万亩以上，截至2020年底，全国高效节水灌溉面积达到3.5亿亩。最后，在全国各地推进农业水价综合改革，2018—2020年累计安排45亿元水利发展资金支持探索建立农业用水精准补贴和节水奖励机制；

截至2020年底，全国累计实施农业水价综合改革面积4.3亿亩，其中2020年新增1.3亿亩以上。

"十四五"时期，我国农田水利建设的行动目标是：新增高效节水灌溉面积0.6亿亩；将农田灌溉水有效利用系数提高至0.58；万亩以上灌区的灌溉面积达到5.14亿亩；基本完成农业水价综合改革任务。

（三）农田水利建设存在的问题

1. 设施问题

农业现代化是农业发展的核心目标，需要从各个方面不断努力。农田水利节水灌溉在推动农业现代化方面发挥着重要作用。然而，在农田水利节水灌溉发展过程中，必须关注设施的问题。

首先，农田水利设施不完善。尽管农田灌溉所需的基础设施种类繁多，但在部分地区，这些设施却相对不完善，影响了农田水利节水灌溉的有效性。

其次，缺乏系统规划。虽然许多农田水利工程已经建立，但在早期建设时缺乏系统性的规划。部分工程未能从长远角度进行考虑，导致它们只能满足当时的具体需求。随着时代的发展，这些设施已无法适应当前的农业需求，甚至阻碍了地方农业的发展。

最后，配套设施不完善。推动节水灌溉的发展不仅需要完善的农田水利设施，还需要配套的基础设施，如道路和电力工程。然而，部分农村地区在这方面仍存在不足，缺乏良好的路况和稳定的电力，进一步制约了农田水利节水灌溉的发展。

2. 技术问题

农田水利节水灌溉是一项推动农业发展的先进技术，构建完善的节水灌溉体系需要充足的技术支持。然而，在社会快速发展，年轻人受教育程度普遍提高的背景下，农业领域的人才仍然是短缺的。尤其是具备现代农业技术的人才。此外，现有的农业从业人员大多年龄较大，旧的思维观念根深蒂固，许多年长的农民仍然坚持传统的灌溉方式，对先进的农业技术持怀疑态度。这种情况不仅限制了节水灌溉技术的推广与应用，还导致当地农田灌溉效率低下，制约了农业经济的发展。

从技术层面来看，农田水利节水灌溉技术涵盖了自动控制、管网资源调配、管道压力监测等多项先进技术。这些技术相辅相成，共同构成了一个完整的节水灌溉体系。只有更新观念、培养新型农业人才，才能真正发挥这项技术的作用，推动农业可持续发展。想要将其真正应用于农业建设，必须结合当地实际情况，加强对各类技术的推广与应用，然而实际推广工作十分困难，影响了农田水利节水灌溉的发展。

3. 资金投入问题

农田水利节水灌溉是农业领域具有代表性的技术，对促进农业现代化发展有重要推动作用。在实际应用时，需要有充足的资金，根据地方实际情况进行农田水利节水灌溉体系建设。然而，资金问题已成为制约部分地区农田水利节水灌溉发展的主要制约因素。农田水利节水灌溉技术的应用可促进农业产业结构调整和升级，并帮助提高农村经济水平。但是，由于前期缺乏资金投入，农田水利节水灌溉技术无法对农业领域的整体发展起到推动作用，使得农业现代化发展成为"空谈"。农村地区经济发展相对较慢，政府相关的财政支持不足，部分农村地区甚至缺乏完善的产业配套设施，无法吸引投资，以致限制了农田水利节水灌溉的发展。

4. 管理体制问题

在农田水利节水灌溉技术的发展中，管理问题不容忽视。近年来，随着社会的快速发展和新技术、新模式、新理念的涌现，农业面临前所未有的机遇和挑战，原有的管理体系已经难以应对当前的新问题。总体来看，农田水利节水灌溉发展中面临的管理体制问题主要集中在以下三个方面。

第一，管理制度不完善。当前社会发展迅速，农田水利节水灌溉中需要持续更新管理制度，以解决作业中出现的新需求、新问题，但相关管理制度革新具有滞后性，无法及时解决问题。第二，缺乏沟通。政府是农业管理的主体，实际管理工作中，管理部门与种植户缺乏沟通，管理部门不了解种植户现存问题，种植户也未能及时了解新政策、新技术。第三，缺乏专业管理人员。在农田水利节水灌溉发展过程中需要有高素质人才参与，但从管理角度来看，部分参与管理的人员仅仅是管理人员，不了解农田水利节水灌溉等相关技术，出现管理混乱、管理效率低下的问题。

（四）农田水利设施建设改进措施

1. 注重设施建设

第一，管理部门应全面、详细了解当地农田水利设施现状，派遣专业团队进行评估，明确设施是否符合农田水利节水灌溉技术的应用要求，针对不符合要求的设施，应根据情况进行维修、更新或升级。

第二，鉴于农村地区经济水平相对较低，当地应优先遵循符合农田水利节水灌溉技术应用的最低要求，维修和更新现有设施，在节约成本的同时加快建设。

第三，当地政府应基于农田水利节水灌溉的要求制定相应的管理制度，以实现对相关设施建设的有效管理，针对未能严格按照要求施工的机构或单位给予一定的惩罚。

第四，可组织种植户参与农田水利节水灌溉相关设施建设，不仅可加快建设，还有助于种植户了解农田水利节水灌溉的相关设施、技术，有助于更新种植户思想，同时对推广节水灌溉技术有重要帮助。

第五，在设施建设中，应遵循绿色环保的原则，建设材料应优先选择环保、节能的材料。

第六，为保障设施的长期应用，应注重建立设施维修和管理机制，加强对设施的维护，延长使用寿命。

2. 加强节水灌溉技术推广

由于广大种植户对先进节水灌溉技术的认知不足，很大程度上制约了农田水利节水灌溉技术的发展。因此，相关部门应重视推广节水灌溉技术，让更多的种植户了解、认识、应用该技术。对此，农业管理部门可成立专门的节水灌溉技术推广小组，基于当地实际情况，制定针对性的推广规划。例如，邀请农业领域的技术专家开展技术讲座，并组织当地乡镇级的农业管理人员参与；在市县级农业管理部门的组织下开展节水灌溉技术培训课程，组织各村镇地区的农业技术部门人员系统性学习节水灌溉技术，通过考核测试后方可结束学习，并在未来工作中负责推广节水灌溉技术；在乡村地区定期发放节水灌溉的宣传册，也可在当地建设节水灌溉技术试验基地，便于当地及附近地区参观学习。

3. 加大资金投入

首先，政府应根据财政状况适时调整资金投入。同时，可以通过政策性贷款并提供优惠利率，减轻农业企业和农户的成本负担。其次，政府还应加强招商引资，吸引更多资本进入当地，构建多元化的资金筹措机制，以满足农业发展的需求。同时，设立农业建设基金和农田水利节水灌溉发展基金，面向社会广泛筹集资金。最后，鼓励种植户参与投资，通过其他形式的补偿调动他们的积极性，有助于进一步推动当地的农业建设。通过这些措施，更好地促进农田水利节水灌溉的发展，为农业可持续发展奠定坚实基础。

4. 优化管理体系

首先,农业管理部门应重视分析农业管理制度、管理流程中的不足,对其进行针对性的优化改进,提高管理效率,使管理体系更加科学,以满足多种新型需求。其次,农业管理部门应引进先进管理技术,例如,可建立灌溉水资源监测系统,实现对灌溉用水资源的实时监测,同时基于该监测数据进行调度管理,确保当地灌溉水资源的合理调配与应用。最后,加强管理队伍建设,招聘人才时应以技术优先,确保管理队伍具有较高的技术素养。

第十章　全面推进粮食节约与减损行动

第一节　粮食节约与减损的意义

节粮减损的意义重大而深远，涵盖了保障粮食安全、可持续利用资源、节约能源、减少经济成本以及培养节约意识等多个关键领域。

一、保障粮食安全

节约粮食对于保障国家乃至全球的粮食安全，起着举足轻重的作用。在当今世界，人口持续增长的趋势不可逆转，而资源的有限性却日益凸显，这使得粮食的供需矛盾愈发尖锐。粮食，作为人类生存的基本物质需求，其稳定供应对于维护社会秩序、促进经济发展以及保障人民福祉至关重要。

随着全球人口的不断攀升，对粮食的需求量呈直线上升态势。然而，可用于粮食生产的土地面积增长却极为有限，水资源的供应也面临着巨大压力，同时，农业生产所依赖的能源和其他生产要素的供应也面临着诸多不确定性。在这样的背景下，通过节约粮食来减轻对有限粮食资源的压力，变得尤为关键。每一粒被节约下来的粮食，都意味着为更多的人提供了获得必需食物供应的机会。

此外，粮食从生产到最终供应到消费者手中，需要经历漫长而复杂的过程，包括种植、收割、储存、运输、加工和销售等多个环节。在这个过程中，存在着诸多可能影响粮食供应稳定性和可靠性的风险因素，如自然灾害、病虫害、储存不当导致的变质、运输途中的损耗等。通过节约粮食，可以在一定程度上降低这些风险的影响。当我们减少对粮食的浪费，就能够在相同的粮食产量下，满足更多人的需求，从而提高粮食供应的稳定性和可靠性。

例如，在一些发展中国家，由于基础设施不完善、储存技术落后等原因，大量的粮食在储存和运输过程中遭受损失。如果能够通过改进技术和管理措施，减少这些环节的粮食损失，将极大地缓解当地的粮食供应压力，保障居民的基本生活需求。同样，在全球范围内，如果每个国家和地区都能够采取有效的节约粮食措施，那么在面对突发的自然灾害、战争等紧急情况时，我们将有更充足的粮食储备来应对危机，确保粮食安全不受威胁。

二、可持续利用资源

粮食生产是一个高度依赖自然资源的过程，它需要消耗大量的土地、水资源和能源等宝贵资源。在土地资源方面，为了扩大粮食种植面积，往往需要开垦新的土地，这可能导致森林砍伐、草原退化和生物多样性丧失等问题。水资源在粮食生产中同样不可或缺，灌溉用水的需求量巨大。然而，许多地区正面临着水资源短缺的困境，过度开采水资源用于粮食生产可能会引发地下水位下降、河流干涸等严重的生态问题。能源的消耗也是粮食生产过程中不可忽视的一个方面，从农业机械的使用到化肥、农药的生产，都需要消耗大量的化石能源。

节约粮食意味着我们可以在不增加资源投入的情况下，满足相同甚至更多人的粮食需求，从而实现资源更加高效利用。当粮食浪费减少时，对于土地、水和能源等资源的需求也会相应降低，这将有助于减轻对自然资源的过度开发和利用，减少对生态环境的破坏。

例如，通过推广精准农业技术，减少化肥和农药的使用量，不仅可以降低生产成本，还可以减少对土壤和水资源的污染。采用高效的灌溉技术，如滴灌和喷灌，可以在节约用水的同时提高农作物的产量。在粮食储存和运输环节，采用先进的冷藏技术和优化的物流方案，可以减少粮食的损失和变质，降低对能源的消耗。

推动农业生产向更加可持续的方向发展，是实现人类社会长期稳定发展的必然选择。减少粮食浪费，可以促进农业生产方式的转变，鼓励采用更加环保、高效的生产技术和管理方法。这不仅有助于保护生态系统的多样性和稳定性，还能够为后代留下一个更加宜居的地球。

三、节约能源

粮食的生产、加工、储存和运输等各个环节，都离不开能源的支持。从耕种土地时使用的农业机械，到灌溉系统的运行，从粮食的加工处理，到储存设施的维持，再到将粮食运输到市场和消费者手中，每一个步骤都需要消耗大量的能源。

在粮食生产阶段，农业机械的运作需要消耗燃油或电力。大规模的灌溉系统如果依赖传统的能源驱动，也会消耗大量的能源。在粮食加工过程中，例如谷物的研磨、食品的制作等，工厂中的机器设备运行同样需要能源供应。粮食的储存环节，为了保持适宜的温度和湿度条件，防止粮食受潮、发霉或遭受虫害，往往需要使用冷藏设备和通风系统，这也会消耗一定的能源。而在粮食运输过程中，无论是公路运输、铁路运输还是水路运输，交通工具的运行都离不开能源。

通过减少粮食浪费，我们能够显著降低这些环节的能源消耗。当粮食在生产、加工、储存和运输过程中的损失减少时，相应地，用于这些环节的能源需求也会降低。这不仅有助于减少温室气体的排放，对于缓解全球气候变化具有积极意义，同时也能够减少对化石燃料的依赖。

随着全球对能源需求的不断增长，以及对环境保护的日益重视，推动能源结构的优化和清洁能源的发展已成为当务之急。减少粮食浪费所带来的能源节约，可以为清洁能源的研发和推广提供更多的资源和空间。例如，节约下来的能源可以用于投资太阳能、风能、水能等可再生能源的开发和利用，促进能源供应的多元化和可持续性。

此外，降低能源消耗还有助于提高能源利用效率，促进能源相关技术的创新和发展。这将为整个社会的可持续发展创造有利条件，推动经济发展与环境保护的协同共进。

四、减少经济成本

粮食浪费不仅仅意味着食物本身的损失，更涵盖了在其生产、加工和运输等众多环节中所投入的大量人力、物力和财力资源。从最初的农田耕种，包括种子采购、化肥农药使用、农业机械租赁与操作，到粮食的收割、晾晒与初步处理，再到后续的深加工、包装、储存和运输，每一个步骤都伴随着成本的支出。

在生产环节，农民需要投入资金购买优质的种子、化肥和农药，以确保粮食的产量和质量。同时，租赁或购买农业机械、支付劳动力成本等也是不小的开支。在加工环节，工厂需要购置先进的加工设备、支付工人工资、消耗能源和原材料来将原粮转化为可直接消费的食品。在运输环节，运输公司需要承担车辆购置与维护、燃油消耗、道路通行费用等成本。

当粮食被浪费时，所有这些在生产、加工和运输过程中投入的成本都无法得到相应的回报。对于个人和家庭而言，节约粮食意味着可以更有效地规划家庭预算，减少在食品方面的不必要支出，从而减轻经济负担。特别是在经济形势不稳定或家庭收入有限的情况下，节约粮食能够在一定程度上提高家庭的经济抗风险能力。

对于国家和全球经济而言,减少粮食浪费具有更为宏观和深远的意义。大量的粮食浪费意味着国家需要投入更多的资源用于农业生产,以弥补浪费所造成的缺口。这不仅增加了政府的财政支出,还可能导致资源分配的失衡,影响其他重要领域的发展。相反,如果能够有效地节约粮食,国家就可以将原本用于扩大农业生产的资源,转移到教育、医疗、科技研发等更具创新性和推动性的领域,促进经济的多元化和可持续发展。

此外,减少粮食浪费还能够优化市场供需关系,稳定粮食价格。当粮食供应相对稳定且浪费减少时,市场上的粮食供需将更加平衡,价格波动也会相应减小,这对于维护经济的稳定运行和消费者的利益都具有重要意义。

第二节 粮食全链条节约与减损策略

粮食节约减损是确保国家粮食安全、提高粮食资源利用效率的重要措施。开展粮食节约减损行动,要构建从田头到餐桌的全链条粮食节约减损管理体系,通过生产环节的提质增效、流通环节的运输方式优化、加工环节的利用率提升、存储环节的损耗降低、消费环节的浪费减少和资源化利用等全方位促进粮食节约。

一、强化农业生产环节节约减损

(一)推进农业节约用种

1. 完善品种审定标准

对主要粮食作物的品种进行严格的审定,确保推广的品种具有高产、高效、多抗性、广适性和低损收获的特点。这样可以在保证产量的同时,减少种子的使用量,实现节约用种。

2. 研发节种宜机品种

鼓励科研机构和种子企业加快选育适合机械化播种的品种，这样可以在播种过程中减少种子的浪费，提高播种的精准度。

3. 编制机械研发导向目录

政府相关部门应编制推进节种减损机械研发的导向目录，指导企业研发更加先进适用的精量播种机等农业机械，以提高播种效率和节约种子。

4. 集成推广关键技术

通过集成和推广水稻工厂化集中育秧、玉米单粒精播、小麦精量半精量播种以及种肥同播等关键技术，可以有效提高播种的精准度和效率，减少种子的浪费。

（二）减少田间地头收获损耗

1. 推进精细收获

通过强化农机、农艺和品种的集成配套，提高精细收获技术的应用率，减少收获过程中的损失。

2. 制定技术指导规范

制定和修订针对水稻、玉米、小麦、大豆等作物的机收减损技术指导规范，引导农户根据作物成熟度和天气条件，选择最佳的收获时机和方法。

3. 提升应急服务能力

鼓励地方政府提升应急抢种抢收装备的供给能力，以及提供应急服务，以应对不利天气等突发情况，确保收获工作的顺利进行。

4. 推广智能绿色机械

加快推广应用智能绿色高效的收获机械，这些机械可以提高收获效率，减少能源消耗和环境污染。

5. 培训农机手

将农机手的培训纳入高素质农民培育工程,提高他们的规范操作能力和技术水平,从而减少操作不当导致的收获损失。

二、加强粮食储存环节减损

(一) 改善粮食产后烘干条件

1. 纳入补贴试点范围

政府应将粮食烘干成套设施装备纳入农机新产品补贴试点范围,通过财政补贴的方式,降低农户和农业企业购置先进烘干设备的门槛,从而提升整体的烘干能力。

2. 推广环保烘干设施

鼓励产粮大县积极推进环保型烘干设施的应用,减少烘干过程中的环境污染。同时,加大对绿色热源烘干设备(如太阳能、生物质能等)的推广力度,提高能源利用效率。

3. 提供烘干服务

鼓励新型农业经营主体、粮食企业和粮食产后服务中心等为农户提供专业化的粮食烘干服务,降低农户自身的烘干成本,同时确保粮食烘干的质量和效率。烘干用地和用电应统一按照农用标准进行管理,减轻农户负担。

(二) 支持引导农户科学储粮

1. 加强技术培训和服务

政府和相关部门应加强对农户的科学储粮技术培训,提供专业的指导和服务,帮助农户掌握正确的储粮方法,减少储粮过程中的损失。

2. 示范应用和选型

开展不同规模农户储粮装具的选型及示范应用,根据各地实际情况，推广适合当地条件的储粮装具，提高储粮效率和质量。

在东北等粮食主产区推广节约简捷高效的储粮装具，逐步解决地趴粮等问题，提高粮食的储存条件和安全性。

(三) 推进仓储设施节约减损

1. 绿色仓储提升行动

鼓励开展绿色仓储提升行动，通过采用环保材料、节能技术和智能管理系统，提高仓储设施的绿色化水平。

2. 推进信息化建设

升级修缮老旧仓房，推进粮食仓储信息化建设，利用现代信息技术提高粮食仓储管理的效率和准确性，减少损耗。

3. 规范管理

推动粮仓设施分类分级和规范管理，提高用仓质量和效能，确保粮食在储存过程中的安全和减少损失。

三、加强粮食运输环节减损保障

(一) 完善运输基础设施和装备

1. 建设专用运输设施

投资建设铁路专用线、专用码头和散粮中转设施，以及相关的配套设施，以减少粮食在运输环节中的损耗。这些专用设施可以提高粮食运输的效率和安全性。

2. 推广专用运输装备

推广使用粮食专用散装运输车、铁路散粮车、散装运输船、敞顶集装箱以及港口专用装卸机械和回收设备。这些专用装备能够提高粮食运输的效率，减少在装卸过程中的损失。

3. 发展多式联运

加强港口集疏运体系建设，发展粮食集装箱汽铁水多式联运。多式联运能够充分发挥不同运输方式的优势,提高运输效率,降低运输成本。

(二) 健全农村粮食物流服务网络

1. 完善交通运输网络

结合"四好农村路"建设,进一步完善农村地区的交通运输网络,提升道路质量和通行能力,为粮食运输提供更加便捷的条件。

2. 提升运输服务水平

通过提升交通运输网络,增强粮食运输服务的时效性和可靠性,确保粮食能够及时、安全地从产地运达消费地。

(三) 开展物流标准化示范

1. 发展标准化运输体系

发展规范化、标准化、信息化的散粮运输服务体系,提高粮食运输的效率和质量。标准化的运输体系有助于减少损耗,提高运输的安全性和可靠性。

2. 探索高效减损物流模式

探索和应用粮食高效减损的物流模式,如封闭运输、智能监控等,减少粮食在运输过程中的损失。

3. 推动设备无缝对接

推动散粮运输设备之间的无缝对接,提高装卸效率,减少在转运过程中的损耗。

4. 开展技术示范

在"北粮南运"等重点线路和关键节点,开展多式联运高效物流衔接技术示范。通过技术示范,推广先进的物流技术和管理经验,提高整个粮食物流系统的效率和效能。

四、加快推进粮食加工环节节粮减损

（一）提高粮油加工转化率

1. 完善加工标准

制定和修订小麦粉、食用油等口粮和食用油料的加工标准，推动适度加工，合理确定加工精度等指标。这有助于引导消费者走出过度追求"精米白面"的饮食误区，提高粮油出品率，减少粮食浪费。

2. 提升数字化管理水平

推动粮食加工行业进行数字化改造，利用信息技术提高管理效率和生产效率，降低能耗和物耗。

3. 推进设备智能化改造

推进面粉加工设备的智能化改造，推广低温升碾米设备和柔性大米加工设备，引导油料油脂适度加工，提高加工效率和产品质量。

启动"国家全谷物行动计划"，鼓励发展全谷物产业，推广全谷物食品，提高消费者的营养摄入。

4. 创新食品加工配送模式

支持餐饮单位充分利用中央厨房，加快主食配送中心和冷链配套体系的建设，提高食品加工和配送的效率。

（二）加强饲料粮减量替代

1. 推广减量替代技术

推广在猪、鸡饲料中减少玉米、豆粕使用的技术，挖掘和利用杂粮、杂粕、粮食加工副产物等替代资源。

2. 改进制油工艺

改进制油工艺，提高杂粕的质量，使其更适合作为饲料原料。

3. 完善营养价值数据库

完善国家饲料原料营养价值数据库，引导饲料企业建立多元化的饲料配方结构，推广饲料精准配方技术和精准配制工艺。

4. 推广低蛋白日粮技术

加快推广低蛋白日粮技术，提高蛋白饲料的利用效率，降低豆粕添加比例。

5. 增加优质饲草供应

增加优质饲草的供应，降低牛羊养殖中精饲料的用量，减少对粮食资源的依赖。

（三）加强粮食资源综合利用

1. 有效利用加工副产物

有效利用米糠、麸皮、胚芽、油料粕、薯渣薯液等粮油加工副产物，生产食用产品、功能物质及工业制品，提高粮食资源的利用效率。

2. 调控生物质能源加工业

对以粮食为原料的生物质能源加工业进行调控，确保粮食资源首先满足食品需求，避免与食品消费竞争粮食资源。

五、坚决遏制餐饮消费环节浪费

（一）加强餐饮行业经营行为管理

1. 完善反食品浪费制度

制定和完善餐饮行业的反食品浪费制度，建立健全行业标准和服务规范，引导餐饮服务经营者提供更加合理的餐品份量。

2. 提供适量点餐提示

鼓励餐饮服务经营者主动提示消费者适量点餐，提供多样化的餐品份量选择，如"小份菜""小份饭"等，满足不同消费者的需求。

3. 加强社会监督

充分发挥媒体和消费者的社会监督作用，鼓励通过服务热线等渠道反映和举报餐饮服务经营者的浪费行为，形成良好的社会共治氛围。

（二）落实单位食堂反食品浪费管理责任

1. 推行健康饮食方式

单位食堂应加强食品采购、储存、加工的动态管理，推行荤素搭配、少油少盐等健康饮食方式，制定并实施防止食品浪费的措施。

2. 科学采购和使用食材

鼓励单位食堂采取预约用餐、按量配餐等方式，科学采购和使用食材，减少食品浪费。

（三）建立健全学校餐饮节约管理长效机制

1. 强化就餐现场管理

学校应强化就餐现场的管理，加大就餐检查力度，确保学生合理取餐，减少食品浪费。

2. 加强家校合作

通过家校合作，强化家庭教育，培养学生勤俭节约的良好饮食习惯，广泛开展劳动教育和粮食节约实践教育活动。

（四）减少家庭和个人食品浪费

1. 加强科普知识宣传

加强公众营养膳食科普知识的宣传，倡导营养均衡、科学文明的饮食习惯。

2. 鼓励科学膳食计划

鼓励家庭科学制订膳食计划，按需采买食品，充分利用食材，减少家庭食品浪费。

第三节 节粮减损的宣传教育

一、节粮减损文明创建活动

为了在全社会范围内营造节粮减损的良好氛围，要将节粮减损的理念和要求融入市民公约、村规民约以及各行业的规范之中。通过这种方式，可以将粮食节约的宣传教育工作推广到各个层面，包括机关、学校、企业、社区、农村、家庭以及军营等。这样的全方位覆盖有助于提高公众对于节约粮食重要性的认识，进而在日常生活中自觉实践节约行为。

此外，将文明餐桌、"光盘行动"等节粮减损的具体要求纳入文明城市、文明村镇、文明单位、文明家庭、文明校园等各类创建活动中，可以有效地发挥这些创建活动的导向和示范作用。通过树立标杆和典范，激励更多的人参与到节粮减损的行动中来，共同为保障国家粮食安全作出贡献。

二、节粮减损宣传与知识普及

舆论宣传是增强公众节粮减损意识的重要途径。深入宣传和阐释有关节粮减损的法律法规、政策措施，让更多的人了解和认识到节约粮食的重要性和紧迫性。同时，普及节粮减损的技术和相关知识也是不可或缺的一环，这有助于公众在日常生活中更加科学、合理地节约粮食。

三、持续推进移风易俗

在推动节粮减损的过程中，还应关注社会风气和习俗的影响。通过倡导文明节俭的婚丧嫁娶方式，可以有效地减少因婚丧喜庆活动而产生的粮食浪费。鼓励城乡居民在办理婚丧嫁娶等事宜时，坚持"婚事新办、丧事简办、余事不办"的原则，严格控制酒席的规模和标准，避免大操大办和铺张浪费的现象。

此外，还可以通过举办各类节粮减损的主题教育，如节粮知识讲座、节粮技能培训班等，来增强公众的节粮意识和技能。通过这些活动，不仅可以传播节粮减损的知识，还可以增强公众的实践能力，使他们在日常生活中更加自觉地节约粮食。

参考文献

缑国华，刘效朋，杨仁仙，2020. 粮食作物栽培技术与病虫害防治 [M]. 银川：宁夏人民出版社.

黄文，2023. 蔬菜病虫害诊治丛书番茄病虫害诊治图谱 [M]. 郑州：河南科学技术出版社.

蒋军喜，2018. 植物病虫害防治 [M]. 南昌：江西人民出版社.

宋铁峰，2020. 图说黄瓜栽培与病虫害防治 [M]. 北京：中国科学技术出版社.

苏瑞娜，2022. 全球粮食市场制度探源兼论我国粮食安全 [M]. 南京：东南大学出版社.

孙树志，2016. 民以食为天 粮食生产和粮食安全 [M]. 北京：中国民主法制出版社.

王新华，2021. 开放条件下我国粮食安全问题研究 [M]. 武汉：华中科技大学出版社.

肖国安，2005. 中国粮食安全研究 [M]. 北京：中国经济出版社.

杨华，闫志军，孙飞，等，2022. 常见园林植物病虫害图集 [M]. 郑州：中原农民出版社.

张奂，吴建军，范鹏飞，2022. 农业栽培技术与病虫害防治 [M]. 汕头：汕头大学出版社.

张立，李涛，2020. 作物病虫害防治技术 [M]. 长沙：湖南科学技术出版社.

周海霞，2023. 蔬菜病虫害诊治丛书黄瓜病虫害诊治图谱 [M]. 郑州：河南科学技术出版社.